我
们
一
起
解
决
问
题

书写自愈力

周丽瑗◎著

人民邮电出版社

北　京

图书在版编目（CIP）数据

书写自愈力 / 周丽瑷著. -- 北京 : 人民邮电出版
社, 2022.3
ISBN 978-7-115-58683-4

Ⅰ. ①书… Ⅱ. ①周… Ⅲ. ①情绪－自我控制 Ⅳ.
①B842.6

中国版本图书馆CIP数据核字(2022)第024889号

内 容 提 要

每个人的成长都不会一帆风顺。那些大大小小的被忽视、被批评、被否定、被恶语相向的经历，甚至被霸凌、被躯体暴力的经历，如若没有得到及时有效的处理，都会在我们心里留下一些伤痛。这些不被看到的伤痛又会以各种意想不到的方式影响我们的生活。

《书写自愈力》整合自由书写、精神分析、情绪聚焦、叙事、积极心理学的各种方法，帮助读者探索自己的核心议题，并运用书中给出的工具和方法，由心而发地与自己对话，从而疗愈伤痛，让生活更加从容、平和、自在。全书包含四个部分：基础篇，让读者在书写中激活感受；回顾篇，让读者回顾过往，理解自己；对话篇，带领读者找到核心情绪并直面创伤；终结篇，鼓励读者携带资源与力量，走向未来。在本书中，几乎每章都配有相关书写练习，并且给出范文和写作指导，帮助读者找到并书写被情感缠绕的生命故事。

本书适合所有希望超越原生家庭影响，完善自我人格，实现自我价值的人使用。

◆ 著　　周丽瑷
责任编辑　柳小红
责任印制　彭志环

◆ 人民邮电出版社出版发行　　北京市丰台区成寿寺路 11 号
邮编 100164　电子邮件 315@ptpress.com.cn
网址 https://www.ptpress.com.cn
涿州市般润文化传播有限公司印刷

◆ 开本：880×1230　1/32
印张：7.75　　　　　　　　　2022 年 3 月第 1 版
字数：120 千字　　　　　　　2025 年 9 月河北第 10 次印刷

定　价：59.80 元
读者服务热线：（010）81055656　印装质量热线：（010）81055316
反盗版热线：（010）81055315

在医学上，书写缓解焦虑和抑郁有很多科学证明。释放情绪压力可以有效地提高一个人的身体健康水平，增强其免疫力，并改善其认知功能。

不同于其他的书写方法，丽瑷并不局限于以书写缓解情绪，而是聚焦于探索焦虑等情绪下的深层创伤，这就相当于找到了情绪问题的病灶。详细地记录和描述创伤性事件及与此相关的感受，有助于一个人充分探索和释放所涉及的情绪，并使大脑的两个半球共同参与这一过程，从而更好地平衡左右脑。

丽瑷将心理学方法和书写相结合，总结出一套行之有效的方法。读者按照这些方法书写时，对情绪描写得越细致，消极事件所带来的影响就会被释放得越多，积极情绪的培育土壤也越来越丰饶。读者通过书写慢慢靠近创伤，再通过与自己的成长经历对话，直到站在整个家族的高度整合自己的状态，疗愈的过程完整且专业。

由于写作本身是种安全的自愈方式，建议未经历过重大创伤的朋友可以将此书作为情绪疗愈的自助图书。

——张志勇

复旦大学附属中山医院副院长

上海市公共卫生临床中心主任

以情绪为切入点，用书写的方式表达我们的内心世界，在西方心理咨询学界已被验证具有疗愈的功能。当我读到周丽瑗老师原创的《书写自愈力》时，我替中国的读者们感到兴奋！

《书写自愈力》中特别令我欣赏的，是周老师循序渐进地从自由书写到情绪自觉、到回忆个人的成长经历、再到与重要他人的对话、最后到自我重构，逐步引导我们体验疗愈的旅程。更难得的是，倘若我们静心慢读《书写自愈力》，我们会感觉周老师仿佛在我们的身旁陪伴，化解我们的孤独，温馨提点下一步该如何走！细心聆听周老师的指引，我们会感到温暖、安全，体会到内心的宁静，对未来的旅程充满希望。《书写自愈力》是每位心理咨询师、来访者和所有希望得到内心疗愈的人的必读图书。

——杨兆前

加拿大多伦多市多家精神卫生机构顾问和心理治疗督导师

AEDP 学院国际讲师

　　写这本书的推荐序，是我自己争取来的。我实在对书写给心理健康带来的神奇效果有着长久的切身体会，却一直无缘系统地了解这方面的知识。感谢人民邮电出版社普华文化的编辑给了我这个机会，也感谢周丽瑗老师用心书写的这本《书写自愈力》。

　　书中的金句令我读起来如饥似渴，又常有醍醐灌顶之感。

　　恭喜大家即将踏上这趟自我疗愈的旅程，希望在阅读完此书后，每个人都能得到属于自己的礼物——内在的安宁与平静。

　　将书写和疗愈放在一起，是一种最安全的自我疗愈方法，坚持这套方法可以让我们与自己的内心贴得更近，对自己的习性更有觉察性。

　　进入书写过程后，你可能会感觉自己与外在世界产生了一种隔离，你与外在世界的连接，只有你的电脑和纸笔。随着本书内容的推进，你会发现自己重复出现的感受与内在冲突越来越多，在一次次深入探索的过程中，你也会重新发现自己。通过书写，你给自己做了一次次心理咨询。

是的，我就是一再经历这样的体验，我也很喜欢这样的体验。这样的共鸣令我欣喜不已。

掩卷之余，我问自己，为什么对这本书情有独钟呢？

首先，我认为这本书的实用性、可操作性很强。

这是作者本人历时近两年摸索的实践经验与数百位学员的分享总结而成。这本书通篇文字简明扼要，通俗易懂，操作步骤清晰。多数读者可以按照书中的指导照猫画虎，开启自我疗愈之旅。

其次，我认为这本书的出现恰逢其时。

在公众对心理健康关注度高、需求大，但干预与治疗资源匮乏的当今社会，这本书无疑另辟蹊径，为公众采取方便易行的自助方式维护心理健康提供了一条实用且方法科学有效的途径。

作为儿童精神科医生、家庭治疗师，面对太多家庭的信任和求助，而我却没有时间及时为所有求助者提供帮助，对此我常常心怀内疚和自责。但我也深知，一个人的力量实在太渺小了，作为一位医生，无论如何我也不可能做到满足所有求助家庭。

很高兴看到这本《书写自愈力》的出版，为普及精神卫生服务实实在在地添砖加瓦。

再次，我认为这本书可以帮助我们构建更好的家庭生活。

近年来，"父母皆祸害""都是原生家庭的错"在社会上广为流传。不可否认，父母养育的失误、家庭代际创伤等因素会对后代心理健康带来不良的影响。然而，太多的父母本身就没有被自己的父母科学地养育，成长的历程又可能伤痕累累，所以自己也难以有正确的爱孩子的方式，形成许多"以爱为名"的伤害，且在孩子需要帮助时，难以及时有效地提供帮助。此外，影响心理健康的因素本身就纷繁复杂，是生物、心理、社会因素交互作用的结果。待家人生病后想要彻底解决，谈何容易。

面对心理问题，预防的意识和行动就显得尤为重要。

正如本书内容提要所言：每个人的成长都不会一帆风顺。那些大大小小的被忽视、被批评、被否定、被恶语相向的经历，甚至被霸凌、被躯体暴力的经历，如若没有得到及时有效的处理，都会在我们心里留下一些伤痛。这些不被看到的伤痛又会以各种我们意想不到的方式影响我们的生活。

我相信：对大多数读者而言，以自由书写的方式与自己对话，可以在一定程度上疗愈伤痛，让生活更加从容、平和、自在。

我忍不住畅想美好的未来：假如每个成年人都维护好自己

的心理健康，并有能力照顾好孩子的心理健康，那么就可以形成"父母健康 - 孩子健康"的新的良性循环，"父母皆祸害""都是原生家庭的错"就将成为永远的过去。这将是多么美好的时代啊，想想都令人心动不已。

当然，疗愈之路不会一蹴而就，对此也请读者朋友们有合理的预期。要做到这些改变并不容易，但无论如何，它一定值得我们付出更多努力。

最后，要嘱咐读者朋友的是，必要时请及时寻求专业人士的帮助。正如该书严肃给出的特别说明：如果你在生命中遭遇过重大创伤，或者在书写的过程中激起自己强烈的情绪反应，影响到自己的生活，那么请停止用书写的方式对自己进行疗愈，转而向专业的心理咨询师寻求帮助，与咨询师共同处理自己的这部分议题。

心理创伤虽然看不见、摸不着，但这与从自行车上摔下来导致腿部骨折没什么不同。腿部骨折了需要做手术、打石膏固定，伤筋动骨一百天，还需要长时间的康复训练；心理受到伤害同样需要适当的治疗和康复训练。生病了，单纯靠自助是不够的，及时寻求精神科医生和心理治疗师的帮助是明智之举。

2020 年，在享受双手在键盘上随着潜意识飞舞、文字顺着指尖自然流淌出的自由书写中，我惊讶地发现，自己的人生梦想居然是成为作家，对此我不时处于半信半疑甚至自我怀疑之中。感谢 2022 年伊始，有幸与《书写自愈力》这本书相遇，让我坚定了自己成为作家的梦想。我相信周丽瑷老师所言，作者和作家的区别在于文章的"灵魂"，在于有没有写出内心深处难以处理的难题。如果我们可以充分表达内心的冲突，每个人都有成为作家的潜质。

接下来，请享受你的阅读之旅吧。祝愿每一位读者都可以实现自我疗愈，超越原生家庭影响，完善自我人格，实现自我价值！

林红

中国心理学会临床与咨询心理学专业机构和专业人员

注册系统督导师（D19-031）

北京大学第六医院儿童精神科医生

家庭治疗师

不是所有的书写都通往疗愈

我相信，打开此书的你要么对书写感兴趣，要么对疗愈感兴趣，或者对两者都感兴趣。非常感谢你的信任，让我有机会展现这套书写自愈力的方法给你，希望阅读完本书并跟随练习书写的过程中，你也会感谢自己当初买下这本书。

接下来，我简单总结一下本书的特色。

全书分为四篇。

第一篇是基础篇，是全书的基础，它有两个重点。首先，请你用 3 ~ 4 天的时间恢复自己写作的能力，尝试练习一种新的写作方式——自由书写。其目的是帮助你重新激活书写的习惯，更重要的是帮助你练习思维的敏捷度，学会观察自己的思维是怎么运作的。通过一次次书写，你也会渐渐激活自己长期冰封的感觉。

第一篇最重要的内容是尝试探索自己的核心情感。如果我们只是平铺直叙地表达生活中的感受，而不总结造成我们痛苦感受背后的核心情感是什么，不把核心情感表达出来，我们就没有办法看见它，看见它是什么时候被种下的，也就难以理解自己的反应和行为究竟是如何让自己成长为今天的样子。

这个过程并不是愉悦的，而是需要一定勇气的。所以，在阅读本书期间，如果你想跟随书中内容进行练习，我希望你有独处的空间和时间，让自己有能力面对曾经受伤的情感。

第二篇是回顾篇，是根据自己人生的成长阶段找出当时核心情绪所对应的事件，也就是根据感受这条线索回忆过去。显然，我们大多数情况下回忆的并不是美好的事件。所以，进入第二篇，即回顾过往的时候，你可能会觉得害怕、恐惧。在这个阶段，我希望你可以直面伤痛，如果你跟着全书的练习走到最后，相信你一定会非常感激自己可以直面这份伤痛。如果能够将最深刻的想法和感受表达出来，这本身就是对自己的疗愈。当然，如果期间唤起的情绪对你来说太过痛苦，也请你暂时放一边，做一些让自己放松的事情，过段时间再尝试书写。

第三篇是对话篇，让我们与自己生命中的重要他人展开对话。我们在面对生命中那些创伤、遗憾和曾经的失去之后，会生出一种力量，从而让我们可以面对现在的自己，并在当下的生活中找到一些资源。

第四篇是终结篇，是自我重新建构阶段。我们总结自己过往的经历后，会理解自己、父母，甚至整个家族。接下来，如果给自己定一个目标，你希望成为一个什么样的人，再回看今天的自己，你需要怎么带着曾经的感受和创伤往前走。在书写的过程中，我们甚至可以加入叙事和意象对话的方法，让现在的自己与未来的自己进行对话。

在本书中，疗愈，是指我们看到自己的伤痛，理解伤痛的由来，进而转化创伤情绪之后，我们在生活中就不会再像以前那样对特定的事件产生特别强烈的情绪，从而能够客观理智地思考和行动。疗愈，是指张开心灵的眼睛，看到内心被伤痛掩盖的、难以表达的需要，不在内心驱使自己，从而可以减少甚至消除内耗，更加从容自在地面对生活。

当然，疗愈并不意味着从此以后我们就不会再感到难过、痛苦或困扰了，也不意味着从此以后无论面对什么情况，我们都能泰然处之。过去的经历对我们的心理和精神造成的伤痛，如同身上的伤口，即使愈合之后，在某个阴雨天也许还是会隐隐作痛。所以，对疗愈有一个合理的预期，是走上疗愈之路前需要做的重要准备工作。

我觉得，将书写和疗愈放在一起，是一种最安全的自我疗愈方法，坚持这套方法可以让我们与自己的内心贴得更近，对自己的习性更有觉察性。为了摸透这些方法，其实我自己也花了将近两年的时间。请你一定按照书中的顺序开始自我疗愈之旅。

在此特别说明：如果你在生命中遭遇过重大创伤，或者在书写的过程中激起自己强烈的情绪反应，影响到自己的生活，那么请停止用书写的方式对自己进行疗愈，转而向专业的心理咨询师寻求帮助，与咨询师共同处理自己的这部分议题。不过，如果你在书写的过程中激起的情绪强度是你可以忍耐的，请允许自己去体验这些情绪，在经历整个过程之后，你会得到生命的礼物。

此书原稿的形成过程中，得到了研发顾问刘琪祯的大力支持，也非常感谢我的学员们提供范文，感谢他们将内在最隐秘的内容分享出来，供各位读者参考。非常感谢各位。

恭喜大家即将踏上这趟自我疗愈的旅程，希望在阅读完此书后，每个人都能得到属于自己的礼物——内在的安宁与平静。

目录

回顾篇　**直面伤痛　开启疗愈之旅**

对话篇

展开对话　生发疗愈力量

终结篇

重塑自我　实现心理蜕变

激活感受
找到核心情绪

扫码获得作者导读音频

我建议你从头开始阅读，并且跟随每一节后的练习开始书写。正如我在序言中所谈到的，如果你可以按照顺序阅读并勤加练习，你就可以掌握一套用书写来疗愈情绪创伤的方法。万丈高楼平地起，基础非常重要，它是我们之后达到疗愈的重要前提。

　　基础篇分为六个步骤，每一步都必不可少。所以，请你在基础篇放慢速度，反复练习，领会每一步的要义和精华。

1 为什么需要书写疗愈

在打开这本书之前，你对书写疗愈有怎么的理解呢？写作和疗愈，这两个词都认识，但它们是怎么结合到一起的呢？又是如何共同发生作用的呢？

接下来，我先介绍写作和心理疗愈的关系。

❱ 写作和心理疗愈的关系

你也许看到过许多关于写作的课程，这些课程会教大家写作技巧、写作套路。例如，标题应该怎么起，文章中各段应该怎么处理，收尾要如何点题和升华。这套方法是为了引起大众更多地转发和传播。如果这样写作，也许你能够成为一名很好的写作者，你的文字甚至能换得酬劳，但你也失去了写作中最关键的东西，即文章的"灵魂"，那就是作者和作家之间的区别。

"灵魂"出自哪里呢？

我们先从作家身上找规律。如果你是一位有心人，你可能会在一个作家的不同作品里发现作者表达出了相似的主题。以张爱玲为例，她许多作品里讲述的都是爱而不得的故事，充满了无限的孤独，也充满了对人性的深刻洞悉；再如莫言，他的写作永远是从饥饿的童年开始，延伸到苦难和孤独；而余华的作品里则充斥着大量的鲜血，也总是围绕着"生命"这个主题。我们会发现，每位作家写作的作品，无论故事内容怎么变化，都散发着熟悉的味道，这个味道就是作家终其一生都在解决的、属于自己的人生难题。

不妨回顾一下自己所接触过的作品，无论是影视作品还是文学作品，你会发现，吸引我们看下去的永远是作品中体现出的冲突。因为冲突能引发读者的情绪，而只有情绪才能驱使读者不断地阅读下去。冲突源自哪里？源自每一位作家的内心。所以，很多优秀的作家终其一生都在做同一件事情，就是不断地把自己内心的冲突写出来。

这就是问题的答案：作者和作家的区别在于文章的"灵魂"，在于有没有写出内心深处难以处理的难题。如果我们可以充分表达内心的冲突，我们每个人都有成为作家的潜质。

当然，成为作家是一个比较遥远的目标，也许你并不想成为作家，那写作对你有什么实际的帮助吗？

真正影响我们生活的很多问题，其实都藏在我们的潜意识里，也就是那些已经发生但未达到意识状态的心理活动。它藏于我们的心灵深处，在理智层面我们是意识不到的。心理学的治疗过程就是将潜意识转化为意识，让本人的内在冲突浮现，这便是疗愈的开始。这个理论来自于精神分析学派的鼻祖弗洛伊德。

作家做的也是同样的事情。作家将难以言说的情感表达出来，就是一个将潜意识逐渐意识化的过程。一部作品被创作出来，被更多人阅读，就唤醒了内心深处有相似伤痛的人，作家内心的冲突因为被更多人看到而被共情，最终达到疗愈的效果。到这里，相信你至少已经了解了写作的一个功能：它是一味救助我们内心冲突的良药。

从心理学的视角理解写作的前提是相信潜意识确实存在。如果你在不断书写的过程中发觉自己的思维根本停不下来，文字顺着你的指尖自然流淌出来，也许你就能找到写作的根源——你的伤痛。潜意识会自由地流动，去发掘我们过往的秘密，重新打开我们的记忆；而意识范围内停留的只是那些我们想要记住的事情，那些影响我们却被我们选择性忽略的事情却不能为意识所及。

所以，写作就像是寻宝的过程，而潜意识就是宝藏，我们要深入潜意识，找到那些宝藏，只有如此，才能发现真相。而我们的意识就是压在宝藏上的大山，它严防死守，避免我们发现宝藏。

在书写的过程中，你不需要把注意力投放在任何外在的关系上。因为长时间以来，我们的目光关注的都是外在的人、事、物。在阅读本书的过程中，如果你也开始书写，那么希望你在书写的过程中，与你交流的对象只是你的电脑、你的纸笔。

进入书写过程后，你可能会感觉自己与外在世界产生了一种隔离，你与外在世界的连接，只有你的电脑和纸笔。随着本书内容的推进，你会发现自己重复出现的感受与内在冲突越来越多，在一次次深入探索的过程中，你也会重新发现自己。通过书写，你给自己做了一次次心理咨询。

本书所述方法是我多年自我疗愈的经验总结。在 2015 年夏天，我还在做内在的自我整合。但我不明白为什么，我的内心总有股冲动，想把那些领悟和整合的内容写下来。在写之前，我根本没有对此做任何定义，也没有想到要写伤痛，要写冲突，更没有想清楚它们最后会成为作品。我只是在网上随便搜索"心理学"三个字，找到一家很漂亮的网站，于是我就把每天的情绪和感悟写在网站上。我当时写的时候只是为了记录自己疗愈的过程，却在年末意外地得到了该网站为我颁发的"最佳心理学作者"的称号。在此之后，我成功签约了几个非常有名的心理学平台。

　　所以大家可以看到，我刚开始写的时候，完全预想不到我会在三个月后得到"最佳心理学作者"的称号，更无法预料之后的文章会有篇篇百万加的阅读量，更没想到我会连出三本心理学的图书。我在写的那一刻只是"为写而写"，因为内心有冲动，喷涌而出的感受和感悟想找一个可以倾诉和表达的渠道，之后就顺其自然地转化为这些成果。多年之后，很多编辑问我："周老师，你怎么这么高产？"我的回答都是一样的："因为我靠写作耗费自己过剩的精力。"现在再回头看，那些"精力"是什么呢？其实就是自己的内在冲突，就是自己内心的那些伤痛。

　　所以，书写疗愈就像是我们做给自己的一次次（精神动力学）心理咨询一样。我们需要先将潜意识意识化，再对创伤进行探索和总结，找出它们存在的新的意义，甚至我们需要了解更多父辈的经历，以便帮助自己理解和发现新的意义。这个过程完成之后，我们才能达到疗愈的目的。

❭ 书写疗愈的三个阶段

　　书写疗愈包括三个阶段，即觉察、发现和疗愈。

第一阶段：觉察

这一阶段的方法就是以自由书写的方法在不断书写的过程中觉察自己。你可以把它理解为表达性艺术治疗的一种形式。在这一阶段，你需要尽可能地观察自己的思维是如何从一个点跳到另一个点的，当然，你不需要思考分析整个过程，你要做的只是记录，不让指尖停下。不论你是早起看到睡在你脚边的猫，还是刷牙时的灵光一闪，或者是上班被同事开了一个玩笑，凡是能让你的思维起伏并让你有冲动记录的瞬间，都是可以进行自由书写的时刻。

我也曾经听很多学生跟我说："写作确实具有一定的疗愈作用，当我把自己的情绪写下来以后，我确实感觉那些情绪似乎就没有了。"这话一点没错！当我们自己内心的情感得以抒发，在大部分情况下，这种情绪浓度会明显降低。在书写之前，你可能感到愤怒，书写之后，你会觉得心情舒畅。其实，这就是写作这个工具带给我们的最直接的效果。

但是，这与真正的疗愈还相差甚远！这就是我们后面的内容里非常重要的一点——重新激活我们的感受，发现我们的核心情感。

第二阶段：发现

在这一阶段，我们通过内心反复出现的感受切入。有的人在自由书写进行了一段时间后，尽管每天写的事情是不一样的，但最后发觉自己总是写一样的议题。例如，你周一出门的时候，丈夫埋怨你没有把家里的东西收拾好。你坐在地铁上，就把这件事情记下来，当时你的感受是非常气愤和委屈。在这个瞬间，你又联想到很多的事情，这些你都可以一一记录。然而在你周三的自由书写中，你可能会发觉出现了同样的议题，只是换了不同的面貌。例如，你可能记录了这样一件事情：你的老板把本应属于你的功劳归于你们整个部门，但没有特别提及你，你当时感觉有些委屈，也有些愤怒。

此处注意：委屈和愤怒，重现了。

如果经历了一段时间的自由书写之后，我们总会在写的内容里发现相似的议题，这个议题可能是同样的想法，也可能就像我刚才举的例子一样，是同样的感受。当我们做统计的时候，我们会发现，反复出现的想法和感受是有意义的。因为对于同样一件事情，他人的内心可能并不会产生那么大的反应，但是对你来说，由此而产生情绪可能就是家常便饭，那这种情绪就是你的议题。

你可以在此做一个标记，问一问自己：为什么我容易产生"这种情绪"呢？

当然，有的人对自己的感受可能并不是特别敏感，因为我们在日常生活中很容易忽略自己的感受，那我们可以找到一个非常好的切入点，就是自己的身体感受。即便你不知道自己此刻的感受是委屈，还是愤怒，但你可能会感觉肩膀发紧，胃部抽搐。如果你在自由书写的过程中反复出现这样的情况，这也是探索自我内在情绪的一个信号，当然，你同样可以在这个地方做一个标记，留待以后进一步探索。

关于感受不够敏锐这点，我多写几句。

在这些年写作和教学经验里，关于难以面对情绪，我总结出两类人。有一类人是无论怎么写都写不到点上。例如，他会说："我特别难受。"这类人没有办法用语言命名自己的具体感受。难受有很多种，到底是沮丧、郁闷、痛苦、挫败、伤心，还是无奈呢？如果感受没有办法用语言命名为具体的情绪，没有办法进行细腻的表达，那这些感受就难以被清晰地辨认，疗愈便无从谈起。那难受的程度又如何呢？是沮丧到觉得自己被全世界的人孤立了吗？还是挫败到觉得自己就像是地上的一只蚂蚁，随时都可能被别人踩在脚底？有的人在日常的表达中就可能忽略这些细腻和精准的部分，所以落实到纸面时，也同样会如此。

另一类人的问题是，他们把自己的情绪、感受，甚至创伤写出来之后，反而越写越郁闷，越写越受伤，越写越感觉自己充满了负能量。或者有一些人在某些书写疗愈的课程中被告知，不要触碰那些创伤，不要面对自己的那些感受，而是要多想想生活中的资源、力量。这两种方法各有可取之处，但都不是一个完整的疗愈。

其实，书写疗愈属于表达性治疗的一个小类别，在国外已经有几十年的发展历史，有一些非常有用的科学数据可以呈现疗愈的过程是如何实现的。

在牛津大学出版社的《积极心理学手册》第三版中写道："在写作练习后的几个月里，那些写下了关于创伤事件的'最深刻的想法和感受'的人，因病去诊所就诊的次数减少了 50%。这种写作被称为'情感披露写作'。为检验生理因素，研究人员设计了另一项研究。在写作开始前一天、最后一次写作结束时和结束六周后，对被试抽血检验，以便评估其免疫功能，结果发现，那些写下自己想法和感受的人免疫功能得到了很大的提高。这种影响在写作的最后一天达到顶峰，而且往往会持续六周以上。除了这一结果，研究人员还发现，被试经常称写作多么有用，能帮助他们理解和处理事情。"

所以，在写作的过程中，我们不断地"回到过去"，去探索最核心的情感，这对自己是十分有益的。如果我们只是平铺直叙地表达生活中的感受，而不总结在那些痛苦的感受之下深藏的底层的核心情感是什么，我们就无法把那个在生命中反复作梗的核心情感找出来。既然我们没有办法看到它，那也就没有办法看到该核心情感是什么时候形成的，自然就难以理解自己一系列的反应和行为是如何让自己长成今天这个样子的。

这就是我们第二阶段的内容，在本书的带领下，请你细腻地表达感受，并且一层层地深入下去，直至找到自己的核心情感。这个过程并不是愉悦的，是需要一定勇气的。当我们在自由书写时发现自己反复出现的想法、感受和身体感受，我们就有机会总结出规律，这可能就是我们生命中的卡点。

第三阶段：疗愈

接下来，我们就顺利进入了第三阶段。当我们对自我的探索进行到一定阶段时，我们会发觉自己在某一种情绪上出现了死循环。我们一再想要逃避的情绪，却怎么也逃不掉；我们一再想要逃避的生命故事，却反复发生；我们似乎用尽了所有的努力，但就是摆脱不了重复的剧情。很多年以前，我们甚至把它称之为"命运"。

有一部电影叫作《土拨鼠之日》，影片中的男主人公每天醒来都在重复昨天发生的事情，今天重复昨天发生的事情，而明天重复今天发生的事情。他陷入这样的困境里，无法逃脱。如果我们用同样的模式对待每一天，我们也会陷入强迫性重复的怪圈里。例如，我们可能会和他人发生相同的冲突，或者同样的感受在不同的人身上被触发。再例如，如果一个人在年幼的时候因为寄居他人屋檐下，总感觉被排斥，那么长大后在职场中，他也总是感到被孤立。我们会一而再、再而三地陷入这样的怪圈，时间久了，这便构成了我们所谓的"命运"。

在书写过程中，我们会不断地发现和理解心里的某些议题：它源自于生命中的哪个阶段，源自什么事件。接下来，我们就需要把那份伤痛书写出来。它很可能与我们的原生家庭相关，即我们的父母及我们的成长经历。

在这里，我们需要与自己生命中的重要他人开展对话。在直面生命中的创伤、遗憾之后，我们会生出一种力量，从而可以面对现在的自己，并在当下的生活中找到一些资源。这部分归功于我们回顾过去时对自己的新发现，我们可能会发现自己的一些记忆被扭曲了。

这怎么理解呢?

举个例子,如果我非常恨自己的父亲,那我在回忆过去的时候,无论他做什么,我想起来的都是他做得不好的一面。但是,如果我以客观中正的立场看待,我会发现我未了解的事件全貌,也许在书写的过程中,我的看法就发生了改变。而且,大脑有个神奇的功能,就是感受会改变记忆。也许当初发生的是件芝麻大的小事,但因为对我的伤害特别大,于是我在一次次回忆中用感受强化了当时的记忆,那个记忆就一直非常痛苦。所以,在我们从多角度去回忆过去后,我们可能会发现自己的看法已悄然改变,当我们的看法改变之后,我们的感受也会慢慢改变。

通过书写,我们一步步地调查、发现自己已经遗忘的过往,随后我们可将这些回忆整理成家书,甚至是家族的回忆录。在整理的过程中,我们会发现父母甚至祖辈留给我们的资源和力量,从而理解,只有接纳当下的自我,在这些资源和力量的基础上,我们才能实现自我的重建。于是,在悄无声息的书写中,我们就与过去的自己达成了和解。

以上三个阶段,就是书写疗愈的过程。看上去是不是很神奇呢?我想说的是,如果你只看书,不动笔,那么以上的这一切都不会发生。

总而言之，跟随本书学习书写疗愈的方法，你会得到诸多好处。

第一，你会变得情绪平和。在连续书写几个月之后，你在生活中动不动就升起情绪的次数会慢慢减少。

第二，你会学到一套疗愈自己的方法。如果你只是给自己一个月的时间，按照书中的方法练习，自然不可能达到完全疗愈的效果。请你在学习后不断使用，疗愈就会自然发生。

第三，这一点也非常重要。我一直强调，书写疗愈是一种安全的自我疗愈的方式。如果你平时找不到朋友倾诉，或者没有经济能力找心理咨询师做长期心理咨询。那么，将自己的心声写下来，自我分析，就是最快的疗愈之道。因为分析的"对象"是你自己，不是任何一个"外人"，所以，你在这样的"交谈"中会感到足够安全。

接下来让我们开始学习这套方法吧！

第1章 > 为什么需要书写疗愈

写作和心理疗愈的关系

用写作

给自己一次
长程的心理咨询

书写疗愈的三个阶段

✓ 不评判
✓ 不修改
✓ 不停笔

2.发现

3.疗愈

1.觉察

扫码查看完整思维导图

2 如何开启自由书写

　　我们已经了解了为什么要书写，以及书写如何为我们的心灵带来疗愈。相信对大家来说，自由书写已经不是一个陌生的词汇了。

　　我们都知道，好文章是一边写、一边改出来的。好文章首先需要让潜意识自由地流动，在此基础上，再进行架构、逻辑上的修改，也就是让意识参与，从而形成修改后的完整文章。潜意识自由流动的内容，就类似于自由书写。所以，好文章的原材料越多，即潜意识的东西越丰富，改写起来就越顺畅，作品也就越动人。

　　不知道你有没有体会过，有时候，双手在键盘上随着潜意识飞舞，仿佛进入一种悬浮状态，直至看到屏幕上出现的文字，自己才反应过来写了什么。这种体会看上去是不是很玄？潜意识直接跳过我的大脑，指挥我的双手。这些未经大脑参与加工的内容是非常真实的。如果你还没有过这样的感觉，也请不必着急，这个感觉你也许马上就会有了。

接下来，我们就谈谈如何开启自由书写。自由书写到底有多自由？是想到哪儿就写到哪儿吗？是形式自由，还是内容自由？自由书写能够达到什么目的？读完本章，这些问题的答案便会知晓。

＼ 自由书写的原理

自由书写源自自由联想，自由联想是精神分析的主要方法之一。自由书写的原理是：无论你想到什么，哪怕是头脑中一闪而过的念头，一些细碎的想法，甚至是让你不舒服的感受，你都要立刻记录下来，在记录过程中，不做任何控制，只是纯粹地记录。

第一次接触自由书写时，许多人感到很不习惯，因为我们从小到大在应试教育或职业训练中形成的习惯是命题作文的书写方式。我们从小就开始学习写作文，工作后我们写工作报告、工作总结，这些内容都与自由书写没什么关系。在我成长过程中，我唯一想到的与自由书写有点儿关系的，就是我在小学时候写的日记。

如果你擅长写日记，你可能就是一个善于自由书写的人。我记得在我小学的时候，语文课的作业是每天写 1 篇日记，每周 5

篇。日记，顾名思义就是把一天中发生的事情记录下来。我的很多同学写日记就是流水账，很容易就写成一天的记录。例如，早上我做了什么，我在学校里学到了什么，晚上我跟父母之间发生了什么。

在整个小学阶段，我写的日记几乎都是班级里的范文，这极大地鼓舞了我。我写的日记为什么能当范文呢？现在回想起来，无非是大多数小伙伴写日记的时候运用的是思维，有意识地回忆一天中发生的点点滴滴；而我那个时候写日记，就已经无意间在按照自由书写的方式在写了。我会写我看见一件什么事情，我的感受是什么，我想到了什么，我又联想到了什么，最后得到了怎样的体悟。这么说起来，我在写其他文章的时候，可以让思维奔逸，一气呵成，也是源于那时候就养成的习惯。30多年过去了，自由书写又让我回到了童年的那个时刻。

怎么开始自由书写呢？

可写的内容很多。你可以从自己最喜欢的一本书开始，也许写着写着就写到了当初为什么要结婚。你也可以从与丈夫的一次争吵写起，任由你的思维把自己带回童年时父母对你的态度。这样的写作方法就叫作自由书写。你也可以把它理解为"第一念书写"，这是美国作家娜姐莉·高柏创造的，即追随内心浮现的"第一念"，让它们源源不断地从笔端流淌而出。

自由书写的关键就在于自由。方法很简单，只要你把电脑打开或者拿起笔，捕捉当下的意念，透过指尖表达出来，一直写下去。所以，你书写时的状态有点像坐禅，因为你在觉察自己的念头，体会自己的感受。

这个过程中有一个关键点：请你不要用一种散漫的状态书写，而是要跟着思维奔跑的状态书写。你不需要纠结遣词造句，也不需要用理性评判写得好与坏，这更像是在坐定后，放松身体，随着一声枪响，让思维狂奔出去。自由书写就是一气呵成、一贯到底的感觉。不需要太长时间，5分钟不停歇，你就可以写几百字。

用自由书写的方式写出来文章会是什么样子呢？我做个示范。

"麦当劳的咖啡就算是现煮的，也还是速食店的咖啡，将就着吃顿早餐算了，毕竟我正在码稿子。稿子已经拖了一周了，我必须在9点前写完，上周还能怪水逆，这周没理由了。咽了一口早餐，怎么觉得腌肉的味道有点怪，这个味道让我瞬间穿越回一年级第一次吃汉堡的时候，我们去参加市里的某个活动，中午午饭就发了汉堡，第一口吃下去，真的觉得味道很怪！对，就是这味儿！我的指甲太长了，老是敲到退格键，但指甲的新颜色还是挺漂亮的。我不喜欢做指甲的那个姑娘，有点俗气，跟客户讨论谁家男人有钱，有点谄媚，不过这也是人家求生之道吧。我又不慈悲了。我这老毛病啥时候能改掉，还是赖我妈。"

这些文字看上去有一些混乱，基本没什么逻辑，甚至还有点小情绪。所以，自由书写的重点就是：你想到哪儿就写到哪儿。在写的过程中，你不要删除，不要修改，也不要指望他人能看懂，更不要妄图对文字进行评判。我希望你只是写，写到思维穷尽或感受断裂再告一段落吧。

⬤ 自由书写的效果和收获

可能有人会提出疑问，这样写有什么意义呢？看起来只是胡编乱造，任性发泄而已。请你相信人类的大脑，没有意义的东西是不会被你联想或回想到。当你的书写从在路上看到一只蜻蜓，最后写到最近买的笔不好用的时候，它们之间必然存在着某种程度的关联。自由书写不需要分析这个环节，你只需要尊重自己的潜意识，让它带着你，想到哪儿写到哪儿。

我看到很多人在自由书写的时候会给自己一个强迫性规定。例如，每天早上起床后花 20 分钟时间坐在电脑前，想到哪儿写到哪儿。我对这个方法持审慎的态度。一方面，我没有那么自律；

另一方面，我觉得这样的书写形式不够"自由"。其实，我每天都会写点儿东西，但我不会强制安排自己在某个时间就开始写东西，也不会强制自己必须在某种状态下才能写东西。

如何开始书写？我只有一条原则，就是外在有东西触动了我，不管是触动了我的想法，还是触动了我的感受。一旦自己被触动，我就立刻打开手机或电脑做记录。当然，也并不是说这个方法就一定是对的。因为一旦把书写的形式固定下来，自由书写就不"自由"了，所以，你完全可以按照自己的状态书写。如果你是一个非常自律的人，甚至是自律到有点儿强迫的人，你当然可以要求自己在规定的时间段完成；但如果你也像我一样比较肆意散漫，你也可以参考我的方法，给自己书写的自由时间。总之，这是你自己的故事，是你自己的人生，所以书写的方式也由你自己决定。

在书写的过程中，其实你已经学会了与自己"相遇"。例如，通过麦当劳的早餐，味蕾瞬间把我带回到小学一年级。说实话，要不是把它记录下来，我也许就是味蕾感受了一下，最多就是感觉熟悉，而不会沿着这种感觉继续想，这样便很容易错过回忆带来的画面。自由书写不仅会使你的情绪和压力得到释放，还可以让你贴近更真实的自己。

自由书写就像一个与自我对话的过程。也有人会问，经常自由书写会不会变得越来越自恋？每到此时，我特别想问："自恋难道是一件坏事吗？"现在人们的心理问题恰恰源于不够"自恋"。当然，这里的"自恋"是指健康的自尊。我们每天都花太多时间应对各种关系，如夫妻关系、父母关系、亲子关系、同事关系、与上级的关系等。在临睡前，我们不妨在脑子里像放电影似地回想一遍，我们真正花在自己身上的时间有多少呢？在没有书写前，我们其实很少有时间留给自己。现在，你只是在临睡前、起床后，或者工作间隙，抽出一点时间面对真实的自己。这谈不上自恋，恰恰相反，这就是落实到生活中的自爱。

爱自己的前提不就是对自己诚实吗？我们在面对外面世界的时候，可能有很多言不由衷的时刻，甚至会有一些违背本意的行为，但当你开始自由书写的时候，你就必须诚实了。一个人在诚实地面对自己的时候，就会信任自己的感情，就不会因为做出违心的事情而对自己充满指责。当一个人面对自己不够诚实的时候，无论他表面上看起来多么体面，他的内心可能都充满了各种羞愧与无奈。自由书写就是一个与自己坦诚相见的过程，我们在书写时通过想象对现实进行积极的改写，从而达到疗愈的效果。

自由书写是一个特别美妙的过程，你越不对自己的思维进行评判，你就写得越多，也就越信任自己的潜意识，慢慢地，你就会发觉，你离自己的内心越来越近。因为潜意识里浮现的东西是非常真实的，你或许从来没有如此近距离地观看自己、陪伴自己，并接受自己真实的面貌。你会一层一层地撕去身上的伪装，呈现出那个脆弱的自己、坚强的自己、快乐的自己、悲伤的自己，最终这些都被你写进了骨子里。

娜姐莉·戈德堡有一个堆肥理论："我们的身体是垃圾堆：我们收集经验，而丢掷到心灵垃圾场的蛋壳、菠菜、咖啡渣和陈年牛排骨头等东西腐烂分解以后，制造出氮气、热能和非常肥沃的土壤，我们的诗和故事、我们的文章便从这片沃土里开花结果。不过，这并非一蹴而就，而是需假以时日。不断发掘自己生命里的有机细节，直到有些细节从杂乱无章的思绪垃圾堆里筛选出来，落到坚实的黑土上。"

所以，自由书写没有那么多规矩、技巧、标准，你可以写得很自由，你可以抒情，也可以纪实，或者两者兼而有之。

＼ 自由书写的特色

自由书写有以下几个特色。

第一，你是自己作品的唯一读者。你是写给自己看的，你沉浸在自己的世界里并随着自己内心的想法一直写下去，你可以在书写中坦诚地写出自己的快乐、悲伤、感动、愤怒、忧愁……怎么写都没有关系，因为你是为自己而写。即使他人看不懂也没有关系，即使你的思绪凌乱地跳来跳去，甚至你一会儿哭、一会儿笑也没有关系，你不用理会自己的文笔好不好，酣畅淋漓地写下去才是最重要的目的。

第二，自由书写是一场向内的旅程。就像我前面说的，我们的眼睛平时都是向外看的，我们看谁在批评我、谁在欣赏我、谁长得漂亮、谁更有钱，我们关注外在世界远远多于关注我们自己，所以，你对他人很熟悉，但对自己很陌生。自由书写就是希望你把目光转向自己，每天花点时间倾听自己内在的声音，了解自己在想什么：我现在快乐吗？我幸福吗？我真正追求的是什么？我在害怕什么？我在逃避什么？我需要做哪些改变？我要怎样活出自我？只有你用足够的时间倾听自己，你才能听到自己内在的声音。

第三，自由书写可以提升自我觉察的能力。当我们与自己相处的时间越来越多时，我们的觉察性就会越来越强。我们的哪些情绪、哪些思维是反复出现的？我们的哪些优点、哪些缺点是以前没有意识到的？这些问题都会在自由书写的过程中慢慢浮现，我们甚至会发现，自己的人生是怎么样一路走来的，我的生命是如何成长的。我们不能遇见自己，是因为我们没有把时间用在自己身上。当你面对自己的时候，你才有可能遇见自己。所以，自由书写让我们学习温柔地面对自己，温柔地放下面具，用一种温和、温柔的方式贴近自己。

记住，你就是自己生命故事的作家，你在书写自己的生命故事。起床、刷牙、洗脸、照镜子、喝茶、做早饭、赶着出门，每一个瞬间都可能触动我们，都可能被我们记下来。当你写得越来越多的时候，你就不会再担心自己写不出东西了，你可能更需要担心自己会上瘾。更何况，自由书写并不是一趟孤独的旅程，我们可以很多人在一起书写，一起探索自己。我们可以在书写中一步步接近真相，一起分享，一起讨论，一起重遇那个未知的自己。

练习：让文字从心流淌

现在，请开始练习自由书写。我希望你的书写从形式到内容都足够自由。只要有感触，你随时随地都可以打开电脑或者拿起笔，一气呵成地写下这些感触。

记住，不要修改，不要删除，想到什么就写什么。

范文：给自己的"五分钟"

写作者：天荷

今天听到周老师讲，给自己五分钟的时间，完完全全给自己，让自己在这五分钟内自由书写，想写什么就写什么。

我听完就继续忙别的去了。我想，得找一个五分钟给自己，让心自在，让笔畅游。

刚刚接到一个工作电话，对方询问我工作方面的事，我却听成是对方对我的指责。我的情绪上来了，我立马就质问对方为什么不信任我。刚挂电话，我就后悔了。其实这是一件很小的事情，是一次很正常的工作沟通，我可以不必有情绪，我看到了我的一个反应模式，所以就立刻停止手中的工作，翻开笔记本，要用上我的"五分钟"，记下这一刻。

我看见，我有一个模式，当别人否认我时，或者当别人对我有很小的质问时，我会当作对方对我整个人的否定，这种否定已经超越了当下的那件事。我在生活中经常会这样，特别是和老公相处时，我常常觉得他在否定我，其实他不过是在某一件事上跟我有不同的看法。

我想对自己做更深一点的探索，我发现，这个模式其实对我的人际关系已经造成了影响。我越来越不喜欢主动社交，我觉得社交是一件很麻烦的事，与其主动社交，不如自己伏案读书、写字。所以，我的书法桌其实已经成为我逃避社交的一方好天地。

　　此刻，我在脑海里努力追忆童年，我的父母否定我吗？好像没有。但是我的父母值得我信任吗？好像也没有。好像这种不信任他人的模式，在很早以前就已经存在了。

　　好了，超过五分钟了，我暂时停笔。

你在第一天的自由书写中体会到"自由"了吗？你观察到自己对自己的评判了吗？有的人可能会感到提笔很难，或者写到一半的时候写不下去了。在刚开始的时候，这一切都是可能的，也请你接纳这样的自己。这时，请你聚焦自己的身体感受，尤其是体会下胸口、喉咙会不会有紧张的感觉，同时，请思考你在生活中的什么时刻会也出现相似的感觉？在此基础上，请进一步觉察，自己是一个容易压抑情绪的人吗？当然，并不是所有人都会遇到这样的问题，这已经属于感受层面的内容了。如果我们停留在思维层面，可能会有更多发现。

在思维层面，如果你在书写的当下对自己"为什么如此"感到好奇，那你可以采用自我追问式的方法，也叫作苏格拉底式提问。在心理咨询和心理治疗中，提问是基本的谈话治疗工具，并且提问也能体现心理咨询师的功底。书写疗愈作为一个自我疗愈的工具，你完全可以自己向自己提问。

举个例子，今天我很开心地跟丈夫讲一个我昨天听到的笑话，结果丈夫头也不抬，根本没笑，我气坏了。在描述完这个事件后，我就可以进行自我提问了。

为什么我会生气？因为丈夫不理我。

为什么他不理我，我就生气？因为我感觉被忽略了，我不被尊重。

为什么被尊重那么重要？因为我从来都没有感到被尊重，我的父母也不怎么尊重我，我才像现在这样不自信。

如果我更自信了，我会怎么样？我会很愉悦，对什么事都充满信心。

所以，如果丈夫给我正向、积极的反馈，我会更有自信，如果他没有给出正向、积极的反馈，我就感到非常生气。

这个追问的过程，其实是一个让自己的心理放慢、放缓的过程，就像拿着放大镜一层一层地深入观察自己的思维。在连续追问的过程中，你的大脑可能来不及思考，于是，你做出的回答可能就是更接近你潜意识里的内容，你在第一时间把它们记下来就可以了。这种方法类似于自我分析，如果你觉得对你有帮助，你可以将其作为自由书写的补充。

当然，我更鼓励你在有外在事件触动自己的想法和感受时，提笔就写，随着指尖，看看它会带你到哪儿。

记住我们自由书写的原则：不要修改，不要删除，想到什么就写什么。

自由书写的原理

自由联想

纯粹地记录一闪而过的念头

自由书写的效果和收获

释放 真实 自尊自爱

自由书写的特色

自己是作品唯一的读者

一场向内的旅程

提升自我觉察

扫码查看完整思维导图

3 带着好奇观察自己

大家已经了解了书写疗愈的第一步：自由书写。

我们每天都生活在本我与超我的冲突中。当我们产生某种感受，并且外在环境不允许我们表达这种感受的时候，它就被压抑了，感受被多次压抑后就形成了所谓的本能反应，这会滋生很多问题。

在自由书写的过程中，我们不断地与潜意识沟通，试图理解它。潜意识是与过去的经历相联系的，它决定了我们现在的很多行为，形成我们现在的一些"症状"，我们童年的经历与遗传因素一起塑造了我们，让我们成为现在的自己。自由书写要求我们第一时间把脑海中的内容书写出来，包括那些令我们感到羞耻、愤怒的或者平时不允许表达的想法和感受。

自由书写时，我们不需要对自己的作品有任何评判，也因此在某种程度上达到了对自己的接纳和共情。我们一边写，一边接纳自己，在充分暴露的过程中，写出的伤痛被接纳，从而达成疗愈。所以，我们将内心被压抑的感受释放之后，就使本我与超我的冲突得到了化解。

接下来，在自由书写的基础上，我们积累了足够丰富的潜意识素材，我们才能试着观察自己的自动思维，找到那些有规律的内容，分析自己的心理议题。

❚ 观察自己的自动思维

观察自动思维并不难，当你在潜意识的海洋里冲浪时，大脑就自然而然地分离出来了，这时候你就可以观察自己的自动思维。

自动思维是什么呢？我们的大脑里会有一些一闪而过的念头，在大部分时间里，你都意识不到这些念头，因为这些念头来得太快，去得也太快。如果你可以记录这一个接着一个的念头，那你就可以观察到自己的自动思维是什么。换句话说，念头就像珍珠，我们把它们串起来，通过观察这串项链，我们就知道自动思维如何运作了。这些一个接着一个的念头就决定了我们的情绪，决定了我们接下来的行动，我们把这一套"组合拳"就叫作自动思维。

心理学有一个入门理论，就是美国心理学家埃利斯创建的情绪 ABC 理论。简单地说，激发事件称为 A，行为后果称为 C，那么事件 A 只是让人产生行为 C 的间接原因，直接原因是认知和评价而产生的信念 B。换言之，个体的消极情绪和行为障碍结果（C）不是由于某一激发事件（A）直接引发的，而是由经历这一事件（A）的个体对其不正确的认知和评价所产生的错误信念（B）直接引起的。

通常，我们觉察不到自己的信念（B），我们会误认为外在发生的情境（A）直接使我们产生了反应（C）。但是，我们对情境的解释，才促使了我们产生这样那样的反应，这个解释就是我们的信念。换句话说，你相信什么，你对情境的解释就是什么。这是由我们过去的成长经历形成的，但我们往往意识不到。

我有一件印象非常深刻的事情。以前，我到一家新公司上班，刚工作一个星期，总经理就找我谈话，他说有部门经理投诉我，说我太高傲了。我当时非常吃惊，满脸疑惑，我才来一周，都没认识几个人，谦虚低调都来不及，这高傲是从何而来呢？后来在工作中，我接触到那个向总经理抱怨的部门经理，原来她远远地跟我打招呼时，我没注意到，我急急忙忙地走路而错过了。那为什么她想不到是因为我没注意到她呢？我们运用情境 ABC 理论就非常容易理解了。对于我没有跟她打招呼的这个情境，她产生了被轻视、被忽略的感受，因为她对这个情境有自己的解释。而这个解释，显然取决于她自己的消极信念，她认为他人就是故意没有跟她打招呼，甚至是看不起她。想想看，如果我们没有捕捉到这样的信念，而是任由它在生活中重复，会对我们的伤害有多大？这种情况不但会破坏我们的人际关系，更会影响我们每天的情绪。

这个思维过程非常短，如果你不用心观察，就留意不到这个念头，只有慢下来，对一个情境掰开了、揉碎了去看，你才能发现这个念头。我们在书写的过程中，可以把这个念头梳理出来，再去观察这个思维过程，你可能就会自问："咦？我为什么会这样想？"多问几个"为什么"，就相当于我们直接给自己做分析了。

这个过程有点像正念。正念就是不加评判地觉察当下。当书写出越来越多的自动思维的时候，你就会越来越关注事物本来的状态，而不是你希望它应该有的状态。

我们任由自己的潜意识带领自己的双手在键盘飞舞了几天之后，可能会遇到一种情况，就是写来写去都是同样的内容，似乎捕捉自动思维有点儿吃力，就好像电池被耗干了一样。对此我的体会特别深，有时候我会把时间安排得特别满，不允许自己有休息的时间，就算一开始有满腔的情绪要宣泄，但总会在完成某篇稿件后，体会到那种能量耗竭的感觉。这时候，书写不是疗愈，而是一种负担。这种看似很勤奋的状态，可能就是一种一直向前冲、消耗自己的模式，也就是我们本身的人生议题之一。

其实，对于书写来说，放松很重要。有一种说法，只有会玩的学生才是会学习的学生。书写也是一种需要创造力的活动。放松，不是指玩游戏这种休闲活动，而是在放松的状态中滋养自己的内在，让自己更有能量去书写、去疗愈。所以，放松也需要技巧和方法。

＼ 在"动中禅"中发现潜意识

接下来，我介绍一套方法，叫作"动中禅"。当然，我起这个名字只是为了方便记忆，如果与某些理论、教派重名，实属巧合。

"动中禅"三个字中有两个重点：一个是"动"，一个是"禅"。如果你可以在生活中经常实践"动中禅"，你的内在就会越来越放松，而且在放松的过程中，你的内心会感觉到某种滋养。

"动中禅"具体怎么做呢？

分成两步，第一步是放空。

简单说，你可以放下书写的压力去休息，但你的心仍要保持向内的状态，保持自在地独处。别去看书、看电视或玩手机，你可以什么也不想，坐在公园的草地上，也可以改变一条回家的路线，慢步走回家，给自己一段无所事事的时间。我最喜欢做的就是在不同的草坪遛狗，看着小狗无拘无束的状态，我放空头脑，让自己体会它的快乐。在这个过程中，我虽然与外部环境在一起，外部的一切都是动的，但我的注意力其实是向内的。我观察周围的花、草、树、小狗并在内心与它们对话，同时我又在观察着这样的对话。

所以，一方面，我置身于动的环境，另一方面，我的注意力是向内的，我观察着自己的感受、思维和觉知，不加评判，享受这一切，这就是"禅"。

"动中禅"和写作的过程是一样的，写作也是向内看。休息和滋养自己的方法是：切换一个场景，仍然是一个人待着，放任思维奔驰。如果你经常在这样的状态里，就会体会到类似做梦的状态。我经常在半梦半醒间灵感倍增，因为那时候是我潜意识最活跃的时刻，毕竟意识还没来得及"上班"。我请教过研究梦境心理的咨询师，如何把这段充满灵感的时间拉长，让我更有创造力。他告诉我，在睡前不断地问自己想要得到答案的那些问题，反复想，边想边入睡。清晨间，那个答案往往会自然浮现。我经过许多次测试发现，这种方法十分有效。

可是，我们做梦的时间很短，如何让自己更有灵感呢？灵感产生于潜意识浮现的时候。所以，"动中禅"的练习可以有效地激发我们的灵感。这种不受限制的思维漫游，给创造性思维的产生提供了条件。人在迷迷糊糊时，反而更有创造力。

什么是"动"？为什么要切换到"动"的场景？

大家经常听到的一种说法是，睡眠是一种非常有效的休息方式。如果你睡眠不足或者你是体力劳动者，那么睡眠确实可以迅速帮你恢复体力和精力。如果你是脑力劳动者，大部分时间都坐在办公室里，平时也不怎么缺觉，那在这种情况下，你的身体由于缺乏运动处于低兴奋的状态，但是你的大脑却一刻也没闲着，处于高兴奋的状态。此时因为你的体能消耗并不多，睡眠这种静止的休息方式对你的帮助便不大。大脑分为不同的功能区域，每一个区域都分工明确，掌管着身体的不同功能。为了防止用脑过度，最好的方法是劳逸结合，即让大脑的每个区域都得到休息的机会。因此，对于极度缺乏运动的脑力劳动者来说，我们可以有意识地让大脑从长时间的脑力劳动中切换到"动"的场景，这其实就是让大脑休息。

锻炼身体会使我们的身体变得更强壮，我们在锻炼的时候全身心地投入当下的活动，改变自己的身材或体重便只是时间问题。对于我们的心理，也可以用这样的方法进行锻炼。我们每天都被各种浮现的念头和思维带着走，是因为我们的心还不够强壮，总是会忍不住地去思考。在这种模式下，人无疑就会越来越焦虑。但是，我们可以在大自然中，在每一件细小的事情中，刻意练习如何投入当下，慢慢地，走神的现象大幅度减少甚至消失，焦虑的感觉自然也会缓解许多。

研究发现，如果我们每天抽出 15 分钟时间离开熟悉的环境，到户外走一走，就能在一定程度上减少焦虑、抑郁、疲惫的感觉。因为在单一的环境里，我们会习惯性地用大脑里的想法来应对压力，我们的注意力全部在情绪和压力上。但是，我们动起来的时候，会更容易体验到新奇感。例如，走路的时候，我们会心跳加快、呼吸加快，闻到树木和泥土的味道，感受春风拂面的触感，这些新奇的感受都会吸引我们的注意力，让我们从情绪或压力的牢笼中挣脱出来。再例如，当我们用双脚感受大地的时候，脚掌与大地接触，肌肉和呼吸有节奏地起伏，我们的注意力就会更关注走路这件事情本身。因为我们的目的性没有那么强，所以我们会更关注身边的人、事、物。

在这种情况下，我们和天、地、人融为一体，而不是只局限在想法里，被想法牵着鼻子走。这时，我们再关注自己的内在，我们就能体会到当下的感受是什么。

"动中禅"的第二个方法就是做简单、重复、有规律的事情。

诸如游泳、开车、炒菜、切菜等事情，都可归入其中，这些看上去无聊的动作，本质上是一种轻度的催眠。当身体在机械性地重复某一动作时，你的大脑就空出来了。这时，你的意识在放松、休息，而你更深层的潜意识仍在工作。这就像我们走路，我们的思维是不会判断先迈左脚还是右脚的，因为我们的思维已经将这套过程内化，进入了潜意识。正因为如此，我们可以一边走路，一边讲电话，直到需要判断方向的时候，我们的身体自动会停下来，这不需要耗费我们大脑的更多"内存"。以我自己为例，除了清晨，我的灵感经常会在开车、洗澡和做家务的过程中出现，而且会有一种顿悟的感觉。所以，让大脑休息，将脑力劳动转变成体力劳动，也是一种滋养自己、让自己放松的方式。

其实，大多数文学创作也是通过潜意识的流动完成的。很多作家的工作就是倾听自己潜意识的声音，记录下飘过脑海的思绪，作品的产生也就水到渠成了。让潜意识流动起来，被我们看到并加以记录，这其中最关键的诀窍就是"动中禅"。

▼ 让自己变成天空，接纳想法和情绪

"动中禅"的练习可以让我们的心理在日常的放松中得到调节。

大家有没有这种感觉，当自己坚信某种想法的时候，会产生一些不必要的情绪。一个人沉浸于自己的想法而不自知，心理学将这种情况称为认知融合。人在认知融合的状态里，身体和情绪会根据大脑里的虚构情景变化，而不是根据现实情景做出反应。

例如，我现在身处一个安全的环境，但是我可能会因大脑里幻想的情景感到心跳加快、呼吸紧张、肌肉紧绷，并且体验到不必要的焦虑。这时，大脑里的想法引发了我们的情绪变化，造成了身体的紧张。我们要做的就是退后一步，与这个想法保持距离，这个过程叫作认知解离。

我们的信念有些是合理的，有些是不合理的。但是，不管信念是合理的还是不合理的，请你在感到有压力的时候，试着与自己的想法保持距离。无论是什么样的想法，如果过度执着，我们都会被这个想法牵着走了。认知解离就是把你头脑中的想法放在一边，让你重新回到现实世界。

当你觉察到自己又被某一个想法困住时，你可以用一个可爱

的方法，先给这个想法起个名字，让它浮现出来。例如，你注意到此刻自己又在担心孩子的学习成绩，担心孩子不自律了；下一步，你可以尝试把这个想法用生日歌的旋律唱出来；如果你深受这个想法的困扰，你也可以把它写在叶子上，放进小区的小河里，让它远远地飘走。我们都知道，担心孩子是最没用的方法，我们只会越想越担心，不如让这个没用的想法远离我们吧。

写到这里，你是否会体会到了接纳的味道？不知道你是如何理解接纳的，心理学中的接纳也许和你原来理解的不太一样。接纳是我们愿意面对和接受事物此刻的本来面目。真正的接纳是看着情绪和想法产生、发展和消失。当哪里出了状况时，我们总是习惯于跟它斗争，但是我们越想消灭它，它的力量反而越强大。例如，"我不想再痛苦了"这样一个想法只会让你体会到更多痛苦，与其花时间与它斗争，不如放下这个想法，投入现实生活，我们不需要把这个想法当作敌人，只需要把它当作同路人。接纳是我们允许自己有痛苦的情绪和想法。

我经常会遇到很多来访者，明明还没有去医院诊断过，就言之凿凿地说自己得了抑郁症。一旦他有了一个"我得了抑郁症"的标签之后，他就会不断地确认这个想法，然后被这个想法牵着鼻子走。抑郁是真实的吗？也许是真实的，抑郁症是真实的吗？

也许也是真实的。但是，我们给自己贴上这样一个标签，对自己有好处吗？当抑郁情绪到访的时候，我们不妨把它视作一片乌云，但你自己并不是乌云，你是乌云背后的那片天空。天空完全可以接纳和涵容这些乌云，任它们来来去去，云卷云舒。接纳并不意味着你要改变这些乌云，而是需要单纯地与之相处，顺其自然。

练习：记录自动思维

请按照捕捉自动思维的方式来自由书写，在你描述一个事件的过程中，把情境 A、信念 B 和结果 C 都呈现出来。当然，你也可以记录几个事件，记录你自动思维的过程。总之，这是一场对自己无意识思维的记录，开始锻炼我们的大脑吧！

写作者：agito

今天的练习感觉有点难度呢，那我尝试记录一下自动思维方式。

1. 情景

就在刚刚，我妈回到家里，我从小书房出来。她叫住了我，问我有没有时间，我想她可能是要问我什么，或者想和我说什么。

2. 信念

我意识到她可能想以这个"借口"打开话匣子，向我抱怨些事情（我的衣着、头发颜色、耳环等），或者她又要说一些让我感到不舒服的事情。然后，她想通过这个事情，把我拉入他们的思维模式里，最后形成我在小时候与他们相处时那种控制与被控制的模式。所以，我就说："我现在还在上课，没时间。"

3. 结果

我说完后，她果然说："你老是说没时间，好像天天都这么忙。"我没理她，以上课为由回到房间里了。其实回想一下，也许她只是想问个普通的问题，也不一定就是我刚刚所想的那样。这是由于之前的经验和我对她的判断，所以我产生了一种反射模式。

　　所以，我想，也许我的拒绝没有必要。但是反过来想，如果她真想问一个普通的问题，那之后她可能还会问。所以，也许我的判断是比较准确的。而且，就算我的这个信念是错误的，但也可以预防我被拉回到一些不必要的行为模式和情绪里，这也没有什么不好。

在一定程度上，自由书写是让你回归自由的一种方式。那些散乱、凌乱、不成体系的思维，请你把它们原原本本地记录下来。如果你不观察那些思维，它们每天会在你的脑子里蹦出来无数次，你只需要给自己 5 分钟的时间观察这些思维是如何运作的，将每一点都记录下来。这样，你就可以慢慢借着书写整理自己。

捕捉自己的思维过程，我们就会发觉脑子里有很多奇怪的句子。例如，"我把大象的鼻子割了放在冰箱里。"这种句子看上去毫无逻辑。但是，你不用思考这是不是你的潜意识，重要的只是将它记录下来，而不必追问为什么。

一旦你掌握了这个方式，你就会写到停不下来，发觉自己的脑子里原来有那么多东西。不知道你有没有打坐或内观的经验，就是坐下来，观察大脑里来来去去的念头，就好像你的背后有一双眼睛在观察这些思维过程。我们要做的就是把这些思维过程记录下来。这就是自由书写要达到的目的。

如果在书写后，你观察到自己的不合理信念，那你就给这个信念做一个标记，通常在记录的过程中，你自己就能想通一些问题了。不断记录的过程就像是织布的过程，我们不经意间捕捉到的一些潜意识素材，就是我们织成的布匹。

本书中，每一章、每一节的内容都严格按照疗愈的程序进行，请你不要跳过任何一章、一节，而是按照顺序阅读并完成练习。

观察自己的自动思维

A 事件 → B 认知评价产生的信念 → C 行为的后果

在"动中禅"中发现潜意识

1 放空

2 做简单、重复、规律的事

让自己变成天空，接纳想法和情绪

认知融合   认知解离

扫码查看完整思维导图

4 重新激活丢失的感受

恭喜你，将自由书写的能力激活后，你已经慢慢学会了观察自己的思维活动。在细微的思维活动中，你也许看到了自己不合理的信念。在过去的人生中，这些不合理的信念可能耽误了不少事呢！不过也不用追悔，我们既然看到了，就可以改写以后的人生。

下面的内容是书写疗愈的基础内容。疗愈，是一个近些年非常流行的词。疗愈发生在什么基础上呢？必须要在"感受"的基础上。因为曾经让我们受伤的是我们的感受，疗愈就必然要对其进行处理。那问题就来了，现代人好像普遍几乎没有感受或者感受力不强，因为似乎我们将感受隔离，才能更好地应对外在的挑战。

但是，压抑和控制并不会让我们的感受消失，只会让我们在意识层面与感受疏离，然后让我们不定期做些我们自己觉得难以理解的事情。以下内容是让你在书写中慢慢恢复自己的感受力，将比较粗糙和钝化的感受慢慢精微化。

＼ 感受的重要性

如果你有一定的心理学基础，你或许知道感受对个人疗愈的重要性。在生活中，我们的很多心理问题往往源于我们对感受的忽略或压抑，被压抑的感受会进入我们的潜意识，而无法与我们的意识整合，所以会时不时冒出来干扰我们的生活，这些冲突使我们倍受痛苦。

来找我做咨询的人，大多都是因婚恋家庭问题而困扰。女性来访者提到最多的问题就是男性的情感隔离，即不懂风情、无法善解人意。例如，有的来访者抱怨，自己兴冲冲地买了件新衣服换上，结果对方都没有发现。或者，有的来访者为了体现自己的贤惠，购物时满足了家里所有成员的需要，而唯独不满足自己的需要，之后自己又一肚子委屈，埋怨丈夫不体贴。再或者，有的来访者抱怨丈夫总是在家庭事务上摆事实、讲道理，不懂得体会自己的感受，一点都不"暖"。

这是因为男性不懂感受，从而让女性过于重视感受了吗？

的确如此，自古以来，雄性动物就被赋予先谋生、再谋爱的使命，从原始人出门打猎到不久前的战争（甚至现代社会依旧不乏战争的身影），男性在竞争的环境里已经习惯了肾上腺素升高的紧张状态。尽管现在男女均需为家庭生活外出奔波，但社会潜意识在一定程度上还是"男主外，女主内"，所以男性在大多数的"生存状态"里，要把"感受"这样东西隔离或压抑，只有隔离它，才能保持清醒的头脑，从而在和敌人作战中获得胜利。但人类的基本感受都是相通的，一个人的感受并不会因为被压抑、隔离而彻底消失。如果一位灵动的女性让男性内在柔软的感受被唤起，甚至她正好满足了他心里一直没有被填满的坑洞，那这部分组合便如胶似漆了。

我所接触到的女性来访者，只要多问她们一些问题，就会发现她们基本上可以归为两类。一类女性自己就是情感隔离的人。因为女性的地位提高，女性与男性争取同样的利益时，自然而然就把自己也打造成男性的样子，言谈间很少触及自己的感受；还有一类女性感受能力很强，但由于过往的经历，总是沉浸在负面情绪里，于是表达的感受也多围绕着委屈、抱怨或评判，这些浓浓的负面情绪投向了本就包裹着的男性，让男性只能以否认、逃避或深度隔离的方式保护自己。而男性越逃，女性越追，不良的两性关系就是这样互动起来的。

你有没有想过，人活着的意义是什么？很多时候，人活着的意义就是感受当下的每时每刻，你因为有感受而感觉自己是活着的。也许我们已经不记得我们 5 岁之前发生的那些生命故事，但是我们的身体会清晰地记得那时候的感受。

＼ 如何重新找回情绪与感受

心理学告诉我们，那些未曾得到表达的伤痛可能就会形成我们的心理创伤。如果心理创伤一直未被表达，就会在我们的生命里不断作梗，让痛苦不断地重现和循环。其实，任何一次痛苦的重现和循环都是一次新的机会，让我们可以透过心理创伤去连接那些被压抑的感受。

在关系中发生冲突时，如果我们在情绪升起的那一刻继续探索，就可能发现自己的情绪下面所隐藏的脆弱。例如，我辛苦做了晚饭，丈夫下班回家，边吃边抱怨工作，完全无视这桌菜，更别说给予肯定，或者表达感谢了。这个时候，我内心升起的感受就是委屈，觉得自己不被重视、被忽略了。

如果就此时的感受继续深入探索，我就会发现很多成长中的伤痛。为了引起父母的关注，我一直努力做到最好，但我似乎从来没有得到过父母的关注，所以这个未被满足的期待就成了我内在的一个情结。当有外在情况发生时，我的内在情结就启动了，我心中就会升起对应的感受。

大家常说："要放下，要接纳。"这句话有道理吗？这是真理，人只有不断地放下，才能不断地往前走。但是，如果你都不知道自己手里拿的东西是什么，难以区分这些东西是珍宝还是垃圾，甚至连手里到底有没有东西都不清楚，那你要放下或者接纳什么呢？

＼ 打磨你的情绪粒度

现在最重要的就是拾起自己的感受。同时，我们要开始辨别这些感受具体是什么。我在做心理咨询的过程中，经常会问来访者："现在你说这句话的时候，你的感受是什么？"大多数人的回复是："我觉得我难受。"难受是感受吗？的确是，但它不够敏锐，也不够具体。这样一个模糊的感受没有办法作为疗愈自己的抓手，因为它可能代表委屈、痛苦、沮丧、不安，还可能是它们的综合体。

这里要提一个非常重要的概念：情绪粒度。

情绪粒度指一个人区分并识别自己具体感受的能力。情绪粒度的高低直接影响我们管理和应对情绪的能力。高情绪粒度的人更能够分辨并表达自己的情绪，也能够更好地掌控和管理自己的情绪，能和情绪做朋友，而不容易被情绪控制。提高情绪粒度就能直接提高人们应对负面情绪的能力。我们可以通过不断地自由书写提升自己的感受力。

情绪粒度包括两个部分：一是感受，高情绪粒度的人能更细致入微地感受自己的情绪；二是表达，高情绪粒度的人在拥有某种感受的时候，无论它是新出现的，还是在记忆里的，他们都能够用相对准确的词汇和良好的表达技巧来形容这种情绪。

自由书写就是在做这两件事情。

有的人在生活中经常情绪糟糕或者感觉难受，却不知道自己经历的感受究竟是什么，所以更容易被情绪控制。神经科学研究证明，我们的大脑会根据过去的经验来决定如何对之后受到的刺激做出反应，久而久之，大脑会形成每个人独特的一套生理预警机制。有的人害怕小猫小狗，可能是因为小时候被一只毛茸茸的小鸭子咬过。所以，如果我们对这些感受不加分辨，那它们就是一团模糊的东西，在我们的生命中反复出来作祟。

情绪粒度的高低直接影响这套预警机制的效率。如果你对情绪的感觉只是笼统、含糊的，如"我真的感觉很糟糕""我的情绪很坏"，那么每一次感觉"不好"的时候，你都会产生负面的身心反应。这是一种重复的消耗，因为你始终不知道每次需要具体应对的是什么，也不知道如何解决。有些人只是简单地将这些情绪全部压抑、隔离，所以这些未被处理的情绪会在他们的心底慢慢发酵。有些人则选择粗暴地对抗，让自己处于对所有负面情绪都过分警觉的状态里。这两种情形都是无法精细应对负面情绪的结果。于是，这些人反复被自己的情绪伤害。

我们可以从两个维度来锻炼自己对情绪的敏锐度，打磨自己的情绪粒度。

一个维度是唤起程度，这是一种让你"有感觉"还是"没感觉"的情绪。例如，"愤怒"就是一种比"疲倦"唤起程度高的情绪。另一个维度是愉悦程度，指面对刺激时你产生的情绪是愉悦的，还是不愉悦的。

举例来说，兴奋显然是一个愉悦程度和唤起水平都高的感受；挫败就是愉悦程度低，但唤起水平高的感受；无聊是愉悦程度和唤起水平都低的感受；而满足可能就是愉悦程度高，但唤起水平较低的感受（如图4-1）。

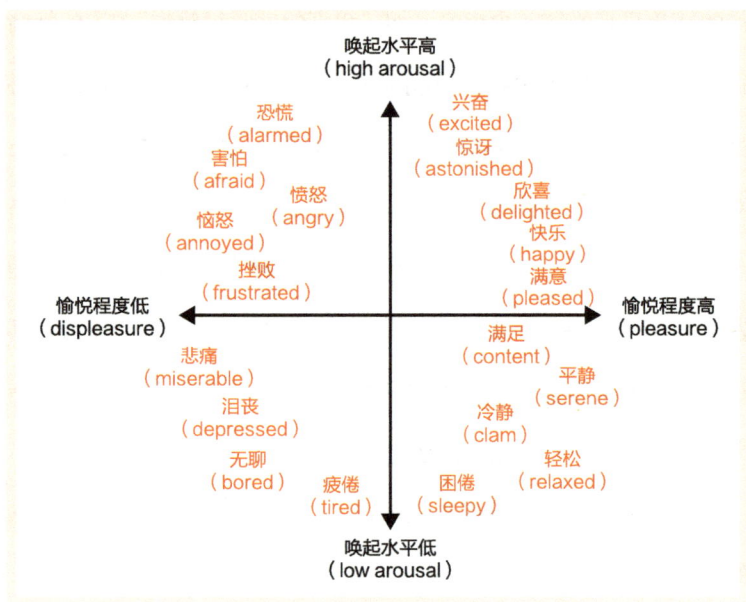

图 4-1　情绪唤起的两个维度

　　我们在开始书写的时候，也可以用这两个维度体会自己的情绪和感受：当时的感受是什么，愉悦吗？唤起水平高吗？你可以慢慢地体会那个感受，并为它命名。所以，我们需要更多地学习，才能在每一种感受出现的时候捕捉到它，说出它的名字，而不是任其发展和蔓延。如此，情绪才会被我们化敌为友。

　　感受不仅是心理疗愈的重要突破口，同时也是写作的核心，很多人寻求心理帮助就是为了处理强烈的情感反应。如果你能在一部作品中体现大量的情绪，你的作品也将是非常有张力的。所以，好的作品就是感受的记录。

＼ 感受寻找的刻意练习

只要开始自由书写，各种情绪就会涌现，各种感受就会被激活，它们可能非常强烈，甚至可能会令你难以自抑，或者失声痛哭。书写疗愈不但需要你捕捉自己的那些感受，更需要你细腻而具体地将其表述出来，越细腻越好。

有很多经常出现的情绪（如愤怒）属于愉悦程度低，唤起水平高的感受，是很容易让人爆发的。不过，生活中也有很多人将愤怒情绪压抑了。例如，有人指出你在愤怒时，你可能会说："我没有生气啊，你多心了吧！"也许，你不是在否认，而是压抑的时间久了，自己都不知道自己在愤怒了。当然，愤怒也往往会被过度表达。例如，你发觉自己在愤怒时，你又为自己的愤怒而感到愤怒。这就是愤怒情绪转向内在，形成自我攻击，对人的伤害就更大了。

其实，愤怒是一种正常的情绪。人在遇到危险时，尤其是被他人侵犯时，愤怒情绪可以让人生出保护自己的力量。对于写作者来说，愤怒也是股强大的力量，它可以推动你书写，给你指引出路，它也是你的合作伙伴，告诉你有些东西真的不能再忍受了，提醒你是时候改变了！

作家的敌人不是愤怒，而是冷漠。

愤怒有很多种纾解方式。例如举着枕头狂舞、踢沙袋、在密闭的空间大叫、摔手边的东西等。你可以直接释放你的愤怒，也可以把愤怒诉诸笔端。

还有一个非常深层的情绪，唤起水平高，愉悦程度低，对我们的人生有重大的影响，这就是羞耻感。在书写的过程中，你不但会激活某种羞耻感，还会在书写的过程中多次体会这个感觉。例如，你可能会想："我写得这么差，别人会不会笑话我？"

我在做咨询的过程中发现，羞耻感往往藏得很深，表面上也许是用愤怒加以伪装，但细细探索，会触碰到底层的羞耻感。这样的羞耻感，不是一朝一夕形成的，我们的核心羞耻感往往源自童年。

例如，吸引父母的关注是孩子的原始本能，但孩子如果运用的方法弄巧成拙，被父母认为是调皮捣蛋、搞破坏，那父母的愤怒或冷漠就会让孩子认为，自己不能赢得父母的赞赏，转而产生羞耻的感受。我们被当众批评时也会感到羞耻，而如果当众被揭短、嘲笑，那羞耻的唤起程度就更高了。

我们很容易感到羞耻，但也容易忽略羞耻的感受。羞耻的感受对我们影响至深，只要我们的人生背景音是羞耻，那做事情就会瞻前顾后，难以行动。羞耻就像沼泽，让陷入其中的人动弹不得，不敢为自己争取和努力。

所以，激活心里的感受并让其自然从指尖流淌，让这些感受得以被充分地表达，你就可以逐渐体会到情绪的波动起伏趋于平缓，感受变得越来越敏锐。但是，你千万不要指望自由书写几天，你就可以做到与世无争、云淡风轻了。那些感受会反复重现，让你觉得书写的过程不是从 A 点出发到达 B 点，而是从原点出发不断地回到原点。而这个原点，往往就是你的核心情结。

还记得我在前面写到，很多作家写了一辈子都在写自己，每部作品一定程度上都是作家的个人自传。他在写什么？就是他的核心情结，换句话说，就是他的心理创伤。

心理学家埃里克·埃里克森定义心理创伤是"人经受到特别突然或特别强烈或特别奇怪的影响，它们在当时不能被化解，就像个无法排出也无法吸收的异物，从生命的一个阶段保留到另一个阶段，由此形成影响人一生发展的某种刺激，引发重复与刻板的东西。"这看上去就是强迫性重复，对不对？

真正的写作是从痛苦出发的。作品是从作家的痛苦中开出的花，哪个作家是因为太快乐而要写作的？作家总是从自身残破的经历中，了悟生命的伟大。每一位作家都是在不断书写的过程中，让伤口处长出新的鲜花，从而疗愈了自己。

❱ 通过"六感"来识别情绪

可能对于大多数没有接触过心理学的人来说，找回自己的感受确实需要一点时间，更不要提用书写的方式把它记录下来了。但我要告诉你的是，感受的确是我们内在需求的信使，每样感受都有自己独特的功能和价值。有些感受在人类漫长的进化过程中被保留下来，因为那是我们的祖先在各种复杂的环境中得以生存下来的保护伞。

举例来说，恐惧在提醒我们有危险，让我们提高警惕；孤独在提醒我们需要亲密的人际关系；悲伤提醒我们刚刚失去很在意的人或物；愤怒提醒我们受到了不公平的对待时需要捍卫自己的界限。

每一种情绪都是一个信使，都有其正面意义。所以，为自己当下的情绪命名是一项非常重要的能力。情绪需要被看见，所以我们通过书写对情绪命名，从而接受这些情绪，这些情绪就会慢慢地消失。皮克斯有一部著名的动画片叫作《头脑特工队》，它详细展现了人类的一些基本情绪，用深入浅出的方法帮助观众为情绪命名。

通过不断书写的方式记录自己的情绪，我们就会提高对情绪的敏锐度，在情绪升起的第一时刻就知道这个情绪是什么。我们在记录情绪的同时也就完成了对它的命名，我们对情绪的描述越准确，我们对情绪粒度的体验就越细腻。

如果唤起情绪对你来说还是有些难度，那我再分享一个方法，就是通过"六感"来提高对情绪的感知力。

"六感"即"眼、耳、鼻、舌、身、意"，也就是视觉、听觉、嗅觉、味觉、触觉和心里的感觉。在生活中，我们可以用"六感"感知周围的世界，把注意力放在各个感官上，我们可能会发现，我们其实错过了生活中很多美好的瞬间。

我们以味觉为例。请你认真享受一日三餐。平时我们可能会在吃饭的时候刷视频、玩游戏，现在，请你尝试放下手机，把注意力集中在吃饭上，你可以观察食物的色泽、形状，闻一闻它的香味，食物入口之后，放慢咀嚼速度，仔细感受食物的口感、温度、味道，你会发现自己对眼前的食物有了与以往不一样的感受。

这时候，我们的行为就有些"动中禅"的味道了：我在认真地感受自己在做的事，我投入当下。当然，你也可以把这一刻记录下来。你今天品尝到了什么食物？如果你在饮用一杯温暖的咖啡，你在品尝它味道的同时，留意它是如何到你的唇边？进入你的口腔的？它带给你什么样的情绪感受？让你产生什么样的联想？所有这些，你都可以记录下来。这样的记录过程会让你在下次品尝食物的时候放慢速度，用心体会。

再如触觉。皮肤接触会激发人类产生更多的催产素，而催产素可以让我们与他人建立联结，体会到关系带来的幸福。曾有一项研究调查了 30 万人后发现，最有可能降低死亡率的因素就是高质量的社交活动。所以，我们在日常聊天的过程中可以认真看着对方，观察对方说话时的神情变化，感受对方的情绪起伏，甚至可以尝试用一些肢体动作（如拥抱）表达对对方的喜爱。这样，关系给你带来的愉悦感就会更强。

再如气味。气味很容易让我们连接回忆。为什么呢？因为气味从鼻腔进入，直通大脑，它是所有的感觉中唯一一个不经过情绪中转站的。当你闻到一瓶香薰的时候，你的大脑不用去反映这是什么香薰，什么味道，你直接就感受到了放松。当你闻到烤红薯的香味时，你可能直接想起了小时候学校门口的场景。

情绪连同当时混杂的各种感受都存储在我们的记忆里。曾经，有一个来访者非常不喜欢闻洗洁精的味道，她根本不知道这是为什么。直到有一天，她想起母亲在世的时候总是一边用洗洁精洗碗一边数落她。而今，虽然物是人非，当时的其他感受或许已经模糊了，但不良的感受伴随着洗洁精的味道一直存储在她的记忆里。于是，一闻到洗洁精的味道，她的厌烦情绪就被唤起。

用心地体会"六感"并在书写中尽可能把"六感"都记录下来，你对情绪的感知力就会越来越强、越来越敏锐。这种情绪感知力对我们进行下一阶段的探索十分重要。

练习：两分钟感受

请你用尽可能丰富、细腻的语言描写自己在 2 分钟时间内的感受。你可以参考图 4-1 "情绪唤起的两个维度"，体会不同感受的愉悦程度和唤起程度。2 分钟的时间并不短，如果你不知道自己的感受是什么，或者描述这些感受有困难，你也可以尽力尝试。

范文：妈妈，让我悲伤的两个字

写作者：小米

我时常感到悲伤，因为有人提及妈妈。听到"妈妈"这两个字，我的喉咙就会哽咽，眼睛发酸，胸口憋闷。接着，我的脑子里会浮现妈妈生病后楚楚可怜的样子，妈妈悠悠地望着我的样子，妈妈欣慰地说我漂亮的样子。我会想起妈妈没生病前，问我吃什么味道的抄手的清脆的声音。写到这儿，泪水凉飕飕地顺着脸颊滑落，有些看不清手机屏幕，手指却停不下来。我想听听妈妈的声音，可是听不到了，唯一留下的语音聊天记录，也因为手机内存不足丢失了。我感到胃里灼热，胀气。我怪自己没做好备份，以为手机不换就没事。我真是愚蠢至极。我知道我在自责，在对自己生气。没保护好妈妈的语音聊天记录让我感到挫败、沮丧。我甚至想给自己一个耳光，顺便说一句："你自找的。现在你就得认了。"此时，我感到心灰意冷，有些疲惫。我日日夜夜为失去妈妈而郁郁寡欢，我不想再继续这样的生活，我想走出来。我得想想，应该把妈妈放在哪个位置，让我不至于过于悲伤，也不至于忘了她的样子。

希望你阅读本章以上内容并做完练习之后，对感受的捕捉能力可以越来越敏锐。无论是面对咨询师，还是朋友、伴侣，你都可以精准地表达自己的感受。例如，你可以说："我现在感到不舒服，这个感受是恐惧。"甚至，你可以在此基础上继续描述："我现在感觉我的整个身体都僵住了，好像我独自一人被锁在一个小黑屋里。"

写作的基础就是精准地表达出某种不舒服的感受，甚至可以将其具体地描绘出来。一些作家在描述心理活动的时候，可能只是一分钟的事情，他可以写出一两页纸，你会有身临其境的感觉，不由地被其吸引而持续阅读下去。

学会了细腻地表达感受，你就有了同理心。我记得在一次做个案的时候，一位来访者向我描述她妈妈对她做的一些事情。听她说完，我就回复她说："听到你说这句话，我有种感觉，就像我被锁进一个黑箱子里，在一个漆黑的深夜，箱子被扔到大海里，四处漂泊。"当时，这位来访者边点头、边痛哭。

其实，人类的基础感受都是相通的，当你用足够细腻的语言把它描绘出来时，你甚至不用说具体的情绪词汇，如"恐惧""孤独"等，你只是打一个比方，对方就能够感受到你与他的共情。

鲍勃·迪伦有一句话："有些人能感受到雨，而其他人则只是被淋湿。"

如果你对感受不是那么敏锐，你可以刻意做一些练习。

例如，冬天时全国普遍降温，大家经历了之前很多年都没有经历过的严寒。你就可以写一写冷的感觉。当风刮在你身上时，你是什么感觉？寒风吹过你的额头、鼻子，甚至寒风灌进喉咙，你有什么不一样的感受？雪花飘到你的手上，在你的皮肤上缓慢融化，雪水滑到你的指尖，这会给你带来什么不同的感受呢？这种感受让你联想到了什么呢？

所以，可书写的东西有很多。细腻地书写可以使我们更精微地体察内心的感受，从而我们就学会如何感知世界，享受每一个当下。

5.通过"六感"来识别情绪

眼 耳
鼻 舌 身
意

4.感受寻找的
刻意练习

3.打磨你的情绪粒度 → 愉悦程度
唤起程度

2.如何重新找回
情绪与感受

1.感受的重要性

扫码查看完整思维导图

5　分析并总结核心情绪

恢复感受力这件事情并不容易。将粗糙的感受精微化、细腻化，就像是在一摊浑水中筛选出闪光的金子。对于长期与自己的感受失联的人来说，这一步比较辛苦。

如果你已经能够将感受细腻地描绘出来，接下来要做的这两步就非常关键，是书写能否达到精准疗愈的关键。

在这一章中，你需要将从浑水中淘出的金子加以分类，并挑选出纯度最高的金子。请你在阅读完本章之后，将之前的内容连续重读一遍。你也可以在这一章的练习部分停留 2 ~ 3 天，给自己一些时间，让自己好好消化吸收相关内容。

﹨ 从身体感觉找回丢失的感受

在 2018 年之前，我对身心互相影响的体会并不深刻。2018 年的一天，我在工作室忙碌，突然接到哥哥的电话。他告诉我，我们的母亲住进了ICU（重症加强护理病房）。当时我整个人都懵了。虽然母亲的身体几十年来都处于小病不断的状态，但怎么也没想到会突然这样严重。哥哥在电话里告诉我，母亲这段时间偶尔会感到心脏不舒服，但一直没跟家人讲，直到忍无可忍时，母亲才让哥哥带她去医院。这次，当哥哥赶到父母家时，母亲已经瘫倒在沙发上无法动弹了。但送到医院后，各项检查指标的结果都是正常的。医生看不出所以然，要求母亲留院观察，而在几小时后，母亲再次发病住进了ICU。

当我坐飞机赶回去时，母亲已经从ICU出来，身体在恢复中，各项检查指标的结果也都正常。这令我非常迷惑。母亲的心内科主治医生得知我是心理咨询师，他告诉我，虽然母亲身体的各项检查指标都在正常范围，但按照母亲的描述，母亲在发病时有濒死感，四肢无力，他怀疑是由心理问题引发的惊恐发作。当医生说出"惊恐发作"这个词的时候，我恍然大悟。

在母亲发病的一个月前，她和父亲大吵了一架，因为父亲瞒着她炒股并且亏损了一笔钱。母亲向我抱怨的时候，我没有当回事。后来听说母亲睡眠不好。其实，我和哥哥都没有意识到这件事给母亲带来的打击。

后来，我与母亲聊天才知道，她在意的不是股票亏损的钱，而是父亲瞒着她的行为，这令她非常气愤和伤心，她感觉自己不被信任、不被认可。新仇旧恨涌上心头，使她无法入睡。没有被理解的情绪叠加上失眠的影响，她可能已经进入了焦虑和抑郁的状态，最终才导致惊恐发作。

医生告诉我，目前在国内综合性医院的初诊病人中，有近1/3的患者的躯体疾病都与心理因素密切相关。许多病人把身体不适作为躯体疾病加以治疗。例如，在心脏内科就诊的老年人，可能有七成都会有心因性抑郁障碍的诊断。所以，现在一些医院在心理科和心脏科外又成立了新的科室——身心科。

就像我的母亲一样，躯体疾病是假象，真正的病灶是心灵的伤痛。已故的美国心理学家露易丝·海在《生命的重建》一书中说："是我们自己创造了我们称之为疾病的东西。身体，就像生活中的其他东西一样，是你内在思想和信念的反映。假如我们经常抽出时间倾听，我们会发现身体经常在和我们说话。你身上的每一个细胞都会对你头脑里的所思所念，对你说的每句话做出反应。"

前面提到"动中禅"这种自我放松的方法，你是否在练习的过程中体会到自己对身体的觉知更敏锐了？

当然，我个人认为露易丝最大的贡献是将心理对躯体的影响列出对应关系。例如，她在书中写道：偏头痛是因为力求完美，给自己施加了太大的压力；秃顶是持续紧张，头皮得不到休息；哮喘被称为"窒息的爱"，意味着被限制，没有自由的成长空间。最有意思的是，我的父亲在母亲生病的前一年里反复皮炎发作，看了各种医生、吃了各种药都没有作用，直到他把自己背着母亲炒股的事和盘托出后，皮炎就莫名消失了。露易丝在这本书里的解读是：皮炎，代表说不出的秘密。

所以，我经常跟父母开玩笑说，他们是用他们的生命故事向我证实心理学的伟大。

身体上的种种问题与书写有什么关系呢？

有的人在做长程精神分析时会出现退行现象，将自己小时候生过的病再经历一遍，经历这么一遭之后，来访者会发现自己的体质和从前完全不一样了。当然，这在深度的精神分析中才会出现。书写能不能达到这个效果，取决于每个人能在这趟向内的旅程中走多深。我比较明显的体会是，有一次我的身体无来由的发胖，我当时并没有将书写和这些身体现象联系起来，过了一年后，我再回想这段经历并把我那时写的内容翻出来看时，我发现自己的人生中出现那样体征的时期是青春期，而我那段时间写的主要就是关于自尊和自我价值的议题。也许是青春期的挫败经历让我的身体不自觉地发胖，以便维护我的虚假自体，而重新触及相似议题时，同样的体征就会再现。

所以，身体的症状正是你对自己书写内容的反应。这种现象是你在这个阶段应有的反应，被你压抑在潜意识里的不愿碰触的伤痛伴随着自由书写逐渐呈现出来，而且有可能像我一样对应着生命阶段的某个相似的议题。身体诚实地保存着童年的记忆，当下的感受就像一个管道，通过这个管道，记忆可以穿越回从前的某个时刻。例如，闻到栀子花香，就会想起在栀子花下一起跳皮筋的小伙伴。

爱因斯坦曾说："为什么我最好的想法都是在洗澡的时候想出来的？"我在"动中禅"中的体会也是如此。有时候我写不下去，就会洗个热水澡，洗澡的时候水从头顶冲下，我往往会豁然开朗，仿佛立即被注入了灵感。不知道是不是因为身体被温水冲淋时是最接近浸泡在子宫羊水中的状态，我也回到了最原始、最舒适、最放松的状态。

所以，在书写中，一方面你可能会唤起相似的身体感受，这些感受可能连接着你曾经经历过的事，通过书写你将它们解放了出来；另一方面，你能让自己的身体得到放松，这会给你注入灵感，让你体会"动中禅"的美妙。

❯ 归纳总结核心情绪

我们一直忙着应对外在世界，很多时候会忽略了感受，也忽略了身体。书写让我们穿越回童年记忆，重新理解自己的身体感受与我们写下的文字之间的关系。这样，你就更能理解自己了。总之，身体是一个渠道，它比你想象的还要忠诚。身体就像我们的记录仪，我们不但可以通过身体回忆过去，也可以通过身体获得未来的期待。

你可以盘点一下，到目前为止，你或许已经有了好几篇自由书写的文稿了。通过这些看上去不成逻辑的、凌乱的内容，你是否可以梳理出一些东西呢？你捕捉到自己在遇到一件事情时的想法和感受了吗？你梳理出自己反复出现的感受了吗？当这些感受出现的时候，你的身体伴随着什么样的信号呢？

如果你把想法、感受和身体这三者结合起来，你又发现了什么？你找到那份回忆了吗？那份回忆带给你什么样的身体感受呢？而它又是如何与你当下的想法联系在一起的呢？

有一段时间我坚持书写，早上起来的时候感到肩颈很痛，但我一直没有把它当回事儿。后来我去台湾旅游，住在花莲的一个民宿，我早上起床，整个人像是被一股强大的地心引力硬生生地拽了下去，整个肩颈和背部都无法动弹，脖子也不能转动。家人立即把我送去医院，医生说我的颈椎出了严重的问题。他摸着我的脖子说："你每天打电脑的时间很长吧？这两块肌肉都已经僵住了。"当时的诊断是过度疲劳，因为我打字时间太长，用电脑的时间太久。

结束旅行回到家后，我休息了几天又开始书写。某天下午，我在赶稿的过程中突然意识到自己有一个无意识的习惯，那就是耸肩。我感受到当下自己的状态，同时连接到此刻僵硬的肩颈，我突然理解了自己：我感受到肩颈酸痛、紧张时，我正在急于完成稿件，我意识到我在很努力地做这件事。其实，真正使我的肩颈酸痛并慢慢发展为颈椎病的原因未必是疲劳，而是在那个当下我有多努力。当我努力达成内心的某一个期待或取得某一成果时，我就会不自觉地耸肩。于是我放松下来。仔细感受自己的肩颈，回忆便一下子涌了出来。

这个姿势其实已经跟随我几十年了。从我读初中开始，我就有耸肩的习惯。那时我渐渐明白，我是最有希望被当成是家庭的希望的孩子，因为我的哥哥被父母的挫折教育打倒了，我就变成了那个不得不站出来、承担父母期望的人。耸肩就是从那个时候保留下来的无意识的身体习惯。之后，每当遇到重要的紧急时刻，尤其是可以证明自我价值的时刻（例如，工作汇报、演讲，抑或在咨询室里帮助他人时），深埋在潜意识里的信念便会使我无意识地耸肩。

其实我的身体一直记录着我一路走来的努力。写到这里竟然感到一丝酸楚，真是要好好给自己放松一下，告诉自己内心那个需要被认可的小孩子，是时候卸下这些重任了，那些不需要自己承担的家族责任就不要往身上揽了。

身体是一个管道，清晰地记录下我们经历的伤痛，借着这个管道，伤痛得以重现，而通过感受重现信念，你便会与更深的自己相遇了。

练习：在回忆中联结自己

请你将这几天的自由书写整理一下，分析那些重复出现的想法、感受、身体感受，你发现了什么规律吗？你找到那份回忆了吗？那份回忆带给你什么样的身体感受？它又是如何与你当下的想法联系在一起的？请你尽情地将这些书写出来。

范文：面对指责的另一种姿势

写作者：闪闪

越来越庆幸参加了周老师的书写疗愈课，这对善于用文字表达自己的我，无疑是一剂良药。

整理了一下这几天写的内容，我发现出现最多的想法是担心自己做得不够好，担心自己会因为做得不够好而被抛弃、否定、指责。

说到身体感受，先来个小插曲。记得 12 岁左右的时候，我经常头疼，疼到需要用撞墙来缓解，我接受了很多检查，都说没有问题，打针、吃药也缓解不了。爸爸甚至带我去做脑 CT 检查，结果显示一切正常。最后，一个乡村医生开了两三块钱的药，我吃完就好了。

今天听老师讲，偏头痛是追求完美的人给自己施加强大压力造成的。现在回想起来，我那时候面临小升初，还背负着妈妈对我凡事都要做到最好的要求，这才导致了头痛。我也开始明白以前一直想不通的事，为什么头痛了那么久，做了那么多治疗都没有用，最后吃两三块钱的药就好了呢？这其实是心理原因导致的，心疼那时候的自己。

今天公司大扫除，我负责收拾办公室的厕所。我收拾完后，检查卫生的领导过来了，他看了看厕所，什么话都没说，就开始返工。在返工的过程中，我不停地听到他叹气，大喘气，还有他制造的各种"乒乒乓乓"的声音。

他所做的这一切，在我看来都是对我的否定。这时我开始慌张，心烦意乱，整个人躁躁的，心跳加速，呼吸急促，随时准备挨骂。我的头脑中有一个声音在说："你看看你，什么都干不好，一点儿都不利索，太差劲了，真没用。"

这就是小时候我被妈妈揶揄的场景啊！

如果还是那个小时候的我，我大概会自己悄悄地躲得远远的，尽量不发出声音，免得引来更严厉的责骂。

到这里，我想不行，得想个办法让领导知道，我是因为工作太多，没办法做到他要求的"五星级标准"。

我转念又一想，他是领导，我还是选择理解他，他也不容易，这么吭哧吭哧地打扫，而且还有哮喘，他做这些，不也是想得到认可，证明他很厉害嘛！

说做就做，我起身走到厕所门口，看到里面干净整洁的样子，由衷地夸了一句："哇！厕所这么一打扫可真干净，洗手池都像新的一样了。您可真厉害！"

说完这句话，我的紧张、心烦、躁躁的感觉都消失了，取而代之的是一种神清气爽、充满力量的感觉。

这一刻，我觉得自己长大了，相信再遇到被指责、被否定的时候，我会更有力量去面对。

本章主要是通过身体帮助我们回忆感受。像大脑一样，身体也会学习。我们小时候学习钢琴，大脑会告诉肌肉以特定的方式挥动指尖，肌肉得到训练，就会把训练的结果反馈给大脑，这是一个从大脑到肌肉再到大脑的反馈循环。

情绪的学习也是如此。当我们经历某种体验的时候，信息进入我们的大脑，受刺激的脑细胞就会相互连接，不同的元素汇总在一起形成记忆。所以，你听到一首歌会想起老朋友，闻到一种花香会想起小时候和邻居在一起玩耍的场景。从神经科学的角度看，过去和现在的融合是因为新旧脑细胞网络同时被激活了。

每个重要的记忆都有 4 个部分组成：

1. 我们所感受到的情绪；

2. 身体内被唤醒的感觉；

3. 通过捕捉记忆，我们脑海中出现的景象或图片；

4. 体验留给我们的关于自己的信念，也就是我们核心的自我意识。

想要找回曾经的感受，我们就要通过其中的某个部分唤醒自己的感受。

很多人在这个阶段中反馈自己的身体没有什么感觉，遇到这样的情况怎么办？除了前面介绍过的"动中禅"，以轻松而缓慢的心态体验外在世界，你还可以从身体层面寻找自己的感觉。这一步最重要的就是"慢"。我们每天都十分忙碌，很少有机会体验"慢"的过程，很多人第一次冥想或内观的时候都是一种匆匆忙忙的状态。

想要观察自己的身体感觉，我们就必须让自己慢下来。如何慢下来呢？一个很好的方法就是腹式呼吸。腹式呼吸可以让我们很快镇定下来，当你开始慢下来的时候，你就会意识到自己的身体内部发生了什么变化。当你正在经历一些不舒服的感受时，保持腹式呼吸也非常重要，它可以让你和当下的身体更好地连接。

腹式呼吸具体怎么做？首先，你可以通过鼻孔慢慢地、深深地吸气，把空气吸到你的腹部下方，感觉你的肚子鼓起来。这是因为腹式呼吸与正常呼吸时腹部起伏变化有所不同。你可以尝试把手放在腹部，用腹式呼吸的方法吸气时，肚子向外鼓。接着，吸入的空气完全占满你的腹部后，你可以屏住呼吸，停顿一下，然后撅起嘴唇，缓缓呼出所有的气体。在这个过程中，呼气的时长应该是吸气的两倍。你可以在呼吸的时候想象自己的身体处于绵软无力的状态，将这个呼吸过程重复 3 ~ 5 次。

在多次练习腹式呼吸后，我们可能会注意到一些事情，就是我们会更容易进入自己的内在世界。此时再感受自己的那些情绪，其唤起程度、情绪粒度是不是都会更加敏锐？

腹式呼吸可以让我们放松神经系统，帮助我们减压，平静心灵。焦虑是一种抑制性情感（这点我们后面会谈及），当我们感到焦虑、羞耻或内疚时，我们可以多做几次腹式呼吸，让自己平静和放松下来，慢慢地寻找自己的核心情绪，探索其根源。

从身体感觉找回丢失的感受

露易丝·海《生命的重建》

是我们自己创造了我们称之为疾病的东西。身体，就像生活中的其他东西一样，是你内在思想和信念的反映。假如我们经常抽出时间倾听，我们会发现身体经常在和我们说话。你身上的每一个细胞都会对你头脑里的所思所念，对你说的每句话作出反应。

归纳总结核心情绪

书写身体感受

重现信念

与更深的自己相遇

重现伤痛

扫码查看完整思维导图

6 辨识并确认核心情绪

　　我们将生命中反复出现的情绪分门别类，找到核心情绪之后，就有机会找到其中的始作俑者了，那对我们而言，是那片浑水中纯度最高、最闪亮的金子。

　　本章的内容有些难。从本章开始，我会引入情绪治疗的专业理论，涉及情绪创伤治疗的相关内容。当你能够细腻地读懂自己的情绪，你会惊讶地发现，每一种情绪都会指向你的核心情绪，而核心情绪就是我们在人生中所遭遇的情绪创伤。

　　我们都知道要去处理情绪、疗愈情绪，但如果你连自己的情绪是什么都不知道，那也就无从下手了。从开篇到此，这是一个将你手中的毛线球不断理出线头的过程。如果你从开篇阅读到了这里，恭喜你，你已经非常接近核心答案了！

❭ 困扰你的情绪未必是核心情绪

人生不易，我们每个人都在经历着痛苦。大多数时候，我们不知道如何有效地处理自己的感受，所以往往采用回避的方式，忽略自己的情感需要，让自己继续生活下去。这是人类大脑发展出的一种不可思议的能力，因为我们需要工作，需要养家，需要获得安身之所，更需要满足其他的基本需求。而各种各样的防御机制便是让我们能够生活下去的应对之策。但是，阻断情绪会损害身心健康，长此以往，会引发各种身心症状，例如，心脏病、头痛、失眠、免疫性降低等疾病，之后就会出现焦虑障碍和抑郁障碍等情绪障碍。家人的期待、生活的挑战及对成功的渴望也会让我们产生很多相互冲突的情绪。

例如，如果我没有能力购买自己梦想中的车，我就会产生挫败感。这种挫败感又会激发我的各种情绪，这些情绪可能并不是单一存在的，而是构成情绪包，其中可能包括悲伤、愤怒、羞耻、焦虑等情绪。但如果我们用自己惯用的防御机制应对，那么所有这些混在一起的情绪就令我们难以处理，也难以承受。我们在小时候遭遇过的挫折直接影响我们今天的感受，尽管这之间的关系无法在意识层面浮现。

在极度危机下，有些人为了应对挑战而与自身的感受失去连接，关闭自己的情绪通道，从而变得麻木。这是身体本能启动的自我保护机制。最终，我们只剩下思维和智力引导自己，久而久之，我们就失去了自身感受的"指南针"。所以，书写第一个阶段就是让我们的感受复苏。

当然，有些人可能并不是切断自己与感受的连接，而是变得容易被感受淹没，这就使人需要花费大量的精力来应对自己的情绪，从而让人感觉筋疲力尽。所以，理想的情况就是我们能够在情绪和思维之间建立平衡：我们需要体会我们的情绪，但这些感受又不会压倒我们，损害我们做事的能力；我们需要思维，但也不能思考太多，以至于忽略我们深刻和丰富的情绪和感受，从而失去活力。

迄今为止，你已经通过自由书写找到了生命中反复出现的信念、感受，以及与此相对应的身体感受。在反复书写的过程中，我们总是会无数次被拉回到感受中。当那些曾经的苦难与痛楚一一浮现的时候，我们的情绪得以宣泄，我们可以更理解自己，但我们似乎仍然停留在感觉不好的状态里。

这里存在的问题是：如果我们一直重复书写自己的焦虑，焦虑是无法被缓解的。因为焦虑是一种表层的情绪，它不够"核心"，我们需要找到焦虑的底层原因。所以，我们接下来的书写要进入关键性的一步：找到我们的核心情绪。只有找到底层的核心情感，我们才能对它进行处理，我们的内在才能发生积极的重要变化。

如果我们与核心情绪建立了联结，我们就能感受到它们，而且在到达核心情绪的时候，我们会感到轻松，而不再感到焦虑和抑郁。当我们与核心情绪深深地联结的时候，我们的活力、信心才会得到增强，宁静才会得以恢复。从生物学的角度看，此时我们的神经系统得到了更优的重新配置。

❚ 核心情绪、抑制性情绪及防御的区别

我在本节特意引入了加速体验动力学疗法中的一个模型——变化三角模型（如图 6-1），变化三角模型的三个角分别是核心情绪、抑制性情绪和防御。

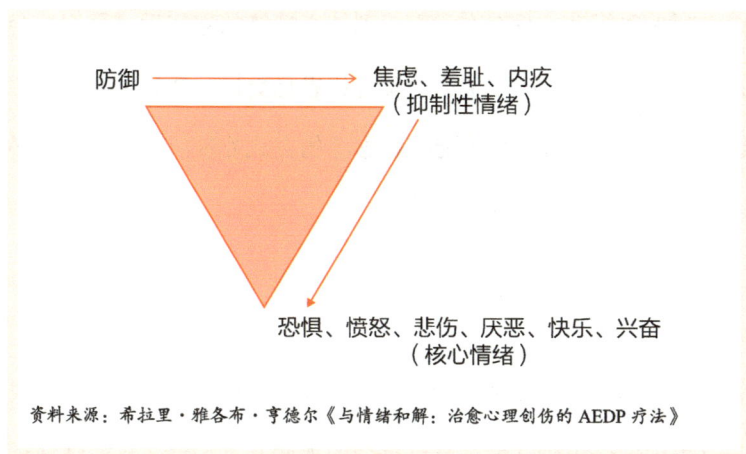

防御 ⟶ 焦虑、羞耻、内疚
（抑制性情绪）

恐惧、愤怒、悲伤、厌恶、快乐、兴奋
（核心情绪）

资料来源：希拉里·雅各布·亨德尔《与情绪和解：治愈心理创伤的 AEDP 疗法》

图 6-1 变化三角模型

核心情绪是我们生而有之，并且具有生存意义的情绪。核心情绪会告诉我们，我们想要什么，需要什么，喜欢什么，不喜欢什么。抑制性情绪会阻断核心情绪。抑制性情绪使我们为了维护人际关系而保持教养，保持文明，从而可以与自己喜爱的、需要的群体和谐相处。抑制性情绪还有另外一个功能，它可以防止核心情绪淹没我们，即一种使我们免受痛苦和被情绪淹没的保护机制。

接下来，我们具体解释。

核心情绪是我们生而具有的，它不受意识的控制，是人类共通的情绪。核心情绪往往在受到外界刺激时自动化运作，推动我们立刻采取行动。只有在我们接到核心情绪的通知后，我们才会去思考它。但是，核心情绪的反应比思想更快，并且不能被有意识地忽略。所以，我们不能依赖思考的方式处理核心情绪，而必须经由真切的内心体验来完成。

请记住，核心情绪包括恐惧、愤怒、悲伤、厌恶、快乐、兴奋。

这些词汇都是生理上的感觉。的确！它们其实就是我们在成长过程中学会识别并命名自己感受的那些基本情绪。核心情绪还包括身体的冲动，这些冲动会引发适应性的行动。例如，你伸手从冰箱里拿出一瓶酸奶，在没有检查日期的情况下你就喝到了嘴里，然后你突然感觉酸奶变质了，此时，你会做何反应？你会立刻把酸奶吐出来。我们可以看看这个过程是怎么发生的？我们的味蕾在受到有害物质侵害时会向大脑发出信号，引发了恶心（注意：厌恶是核心情感之一）的感觉，于是产生了呕吐的身体反应。所以，每种核心情绪都有其特定的功能，帮助我们在当下得以生存。

接下来介绍抑制性情绪，它是阻断我们核心情绪的一种特殊情绪。抑制性情绪有三种，即焦虑、内疚和羞耻。

在成长的过程中，一个人的基本需要是表达情绪时能够获得积极的回应。但是，父母可能会以愤怒、悲伤或漠不关心的态度回应孩子的情绪需求。例如，一个小男孩表现出悲伤，他的父亲告诉他："你要有男人的样子！"小男孩就会认定这是一种否定的回应，因为他的父亲拒绝了他表达自己的核心情绪，小男孩感到自己的悲伤是不被允许的，从而为此感到羞耻，于是他就发展出了羞耻这种抑制性情绪。

遇到消极回应时，人的大脑会产生抑制性情绪，也就是通过对自己的情绪喊停，从而进一步阻止自己表达情绪。这种阻止核心情绪的模式会在我们成年后的生活中不断重现。就像刚才那位受伤的小男孩，如果他在之后的人生中遇到相似的情景，羞耻这种抑制性情绪可能就会再次出现，除非他直面自己最原初的核心情绪——悲伤。

最后一个概念"防御"就非常简单了。

防御是我们经常听到的一个词，它是种保护机制，从而让我们避免陷入不舒服的感觉。你可以回想一下，你对抗情绪矛盾和冲突的方式有哪些？当有些情绪无法面对时，你可能会开玩笑，语焉不详，顾左右而言他，改变话题，避免目光接触，自言自语，或者保持沉默，甚至是以大笑掩饰，这些都是防御。

当然，防御并非一无是处。当我们需要从情绪中抽离片刻时，防御是很有用的，它可以让我们平静下来，让痛苦和不适得到缓解。在理想的情况下，我们只有在需要的时候才会有意识地运用防御，而不是习惯性地运用，更不是在所有的时间都运用。

以上就是变化三角模型中的抑制型情绪、核心情绪及防御。综上所述，我们在书写的时候一定要触及自己的核心情绪，而不是只是在防御和抑制性情绪方面拼命地表达。只有真正地到达了核心情绪，并充分理解这些核心情绪后，我们才有可能离开它，把它转化成积极的情绪。从神经科学的角度看，将体验进行言语化表达可以使大脑平静下来。简单地说，因为我清楚是什么让我感到不安，所以我感到更加平静。

练习：书写核心情绪

在你重新检查的时候，请对应六种核心情绪（恐惧、愤怒、悲伤、厌恶、快乐、兴奋），梳理自己的感受是否在其中。如果不在，请你再用心感受一下，你所描述的感受背后是否隐藏着这些情绪？然后，请你遵循自由书写的规则，不评判、不修改、不停笔，想到什么写什么，把你重新发现的过程书写下来。

范文：焦虑背后的核心情绪

写作者：Anty

　　每当我要表达自己的时候，我就会感到紧张、害怕，胸口有种沉重的压迫感，心跳得很快，脑海一片空白，思维被卡住，整个人也僵住。这些都是抑制性情感中的焦虑和被焦虑引起的身体反应。

　　焦虑背后的核心情绪有恐惧、愤怒、悲伤和厌恶。

　　1. 恐惧

　　我担心你们会指责我跟你们对抗，不听你们的，背叛你们，令你们感到烦恼。我就变成一个罪人，你们把不满都指向我，我承担不起这么沉重的责任。

　　我担心你们会否定我的想法，我就要去面对真相：我是不好的，我是没用的。我感到内在很空，没有东西能支撑我，我迷失了方向，很迷惘。

　　反驳你们的时候，我很害怕令你们不满，令你们有情绪，最后你们就会不理我，我就会变成一个人，没有依靠。我恐惧被你们抛弃。

2. 愤怒

为什么你们就是不相信我呢？难道我真的这么没用吗？又是我不好，又是我有问题。为什么你们就是不听我的？我渴望得到你们的支持和认同。为什么你们只相信哥哥，不相信我？我很委屈，我很生气。你们完全不听我的，不重视我，你们觉得我是一个没用的人。既然你们觉得我没用，那我就没用给你们看。我就是一个没用的人，你们决定好了就告诉我怎样做吧！你们说什么我就做什么，这样你们满意吗？我现在变成这样的一个人，就是你们害的。我就是不敢去处理问题，我就是不敢做决定，我什么都不管。

3. 悲伤

当你们否定我的时候，我会感到很悲伤，我整个人都被你们否定，我更加觉得自己没用，没有价值。我不被理解，不被看见，觉得自己很孤独，很可怜，要自己一个去面对。

4. 厌恶

讨厌你们只考虑自己，不理解我，不重视我，不尊重我。

讨厌自己没有勇气，没有能力面对你们。

讨厌自己退缩、回避、没用、无能！

核心情绪与它的驱动力都是自动化运作的过程，它推动着我们立即采取行动，所以我们无法依靠思考的方法处理核心情绪（虽然这是我们惯常使用的方法），而必须依赖真切的内心体验才能平复。你可以把核心情绪理解为生理性的感觉，是我们心里的感受，如伤心、害怕、快乐；它还包括身体的冲动，就像你的舌头尝到了过期的食物就会产生厌恶的感觉。当我们与自己的核心情绪产生连接的时候，我们就会感到轻松，不再感到焦虑和抑郁。

抑制性情绪是阻断核心情绪的特殊情绪。

为了可以更好地与他人相处，有时我们必须通过压抑核心情绪的方法与他人保持联系。例如，很多人不太能够适应他人对自己的夸赞。如果有人对你说："哇！你做得太好了，你太棒了！"你的第一感觉可能是有一点点羞耻或焦虑，对他人的夸奖感到无所适从。这很可能是你在小时候取得比较好的成绩或者做了比较好的事情时，你希望得到父母的肯定，但父母告诉你不要骄傲，或者父母说："这有什么，你还要努力。"当一个孩子很高兴（注意：高兴是核心情绪之一）的时候，父母告诉他："你不能高兴。"于是他的高兴就被抑制了。

当我们的大脑感到核心情绪不受欢迎，抑制性情绪就会上升，阻断核心情绪的流动，引起肌肉紧张和呼吸抑制。这样经年累月地反复训练下，我们就无意识地将核心情绪默认为是不被接纳的。成年后，当他人夸奖我们时，我们不会表现出高兴，因为那是不被允许的，我们被唤起的是羞耻这种抑制性情绪。

你可以把防御理解为一种保护机制。

防御保护的是什么呢？防御保护个体免疫核心情绪和抑制性情绪的困扰。并不是所有的防御都是不好的，有一些防御是有用的。例如，悲伤太过沉重时，我会努力集中精力处理一些事情，让自己变得积极一点。这种隔离感受的防御可以让我们有效地适应当下，不至于被痛苦的情绪淹没。

在日常生活中，我们有很多防御性的行为，如转移话题、自言自语、批评对方及评判自己等。有时，运动是为了让心情变好，但是过度运动就是为了逃避痛苦的感受，这时运动就变成一种防御了。所以，防御让我们不触碰自己真实的状态，但一个人如果长期与真实的状态失联，他的状态并不会变好。

我们在生活中经常感到焦虑，焦虑就是抑制性情绪，它抑制了悲伤或恐惧（注意：悲伤、恐惧是核心情绪）。为了防止焦虑，我们可能就会做很多事情加以防御。例如，我们报名各种课程但又不去学习，这种行为其实就是防御。它防御的是我们焦虑的状态，抑制了我们内心的恐惧，例如，害怕自己不够好，或者害怕自己不被爱。

所以，现在你知道如何识别变化三角模型中的三个部分了吗？

在书写的过程中，我们最重要的就是找到核心情绪。如果在寻找的过程中遇到一些困难，有个简便的方法，就是索性把这几种核心情绪都问自己一遍：我兴奋吗？我生气吗？我恐惧吗？一个个问过来，我们就可以为自己的核心情绪命名了，然后不假思索地写出答案，尽可能细腻地描写它。

最终，这些遮在核心情绪上的抑郁、焦虑就会慢慢消散。

第6章 〉 辨识并确认核心情绪

困扰你以为的情绪未必是核心情绪

自由书写

核心情绪

找到 联结

核心情绪、抑制性情绪及防御的区别

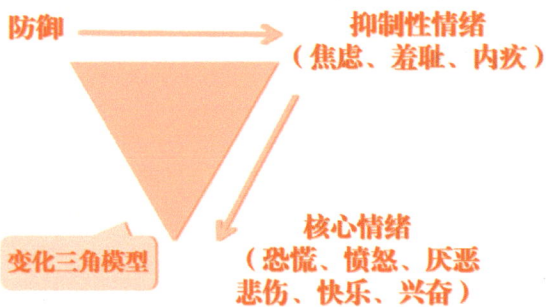

防御 ⟶ 抑制性情绪
（焦虑、羞耻、内疚）

变化三角模型

核心情绪
（恐慌、愤怒、厌恶
悲伤、快乐、兴奋）

扫码查看完整思维导图

直面伤痛
开启疗愈之旅

扫码获得作者导读音频

如何判定我们是否可以进入回顾篇，开始疗愈我们的情绪创伤了呢?

最简单的一个标准，就是你是否已经找到了自己的核心情绪并在生活中多次验证，这个核心情绪就是你在生活中反复被触发的情绪创伤。一般来说，每个人都有 2 ～ 3 个核心情感。如果你已经找到了，接下来请你就可以进入情绪创伤疗愈的环节了。

在回顾篇里，我会用时间倒转的手法——从成年期到青春期、再到童年期，我们在书写中穿过时空隧道与过去的自己重逢。这几个时期都对应着人生重要的心理成长阶段，在每一个阶段我们都要完成心理发展的主要任务。如果由于情绪创伤，我们在相应阶段的心理任务没有很好地完成，那我们就需要穿过时空隧道，回到当时当刻，将那份伤痛书写出来。

7 在回顾过往中完成核心情绪的疗愈

在安全的环境下书写，由于潜意识足够安全，绝大部分人往往会越写越多，写到停不下来。我们一旦感到环境是安全的，并能适度唤起相应的感受，潜意识中的各种素材就会源源不断地涌现。当然，如果在书写的过程中，你被激发出了某些无法自抑的感受，如非常伤心，你也可以暂时停止书写，让自己双脚着地，静坐片刻，稳定自己的情绪，看着这份伤心流过自己的身体，慢慢平静后再将这份经历书写下来。

❯ 找到故事线中的核心情绪

读到这里，你应该已经知道了，现在的任务是穿透焦虑等抑制性情绪，找到事件中的核心情绪，将它书写出来，达到精准疗愈。这也是本书不同于其他书的精华所在。你能否达到精准疗愈，很大程度上取决于你能否精准地找到自己的核心情绪。

我们要如何做呢？

还记得我在之前的内容中提到我的母亲惊恐发作的案例吗？如果我们用变化三角模型分析我的母亲，过程可能是这样的。

我母亲得知父亲背着她炒股赔钱后不敢坦白，她的一个核心信念被挑起，那就是不被认可。因为在她的解读里，这些都向她传递"不被认可"的信息，母亲真正在意的是父亲"不说真话"。当然，这是基于母亲自己的成长经历及其与父亲互动的经验。在我眼里，父亲就是害怕母亲生气而已。

当"不被认可"的信念被挑起后，母亲产生的核心情绪是愤怒和悲伤。但是，因为父亲已经受到了皮肤病的"惩罚"，而且所有人都劝母亲不要把钱看得那么重，劝她大度一些，所以她的抑制性情绪就自然出现，她压抑了自己的悲伤，于是她在生活中就出现了严重的焦虑，甚至睡不着觉。而为了防御这份焦虑（注意：焦虑是抑制性情绪之一）和愤怒、悲伤，她选择了忽略，假装这事没发生过，到处旅游，以此麻木自己。最后，无论是防御还是抑制都没有让她的愤怒情绪得到充分表达，于是愤怒情绪直接"攻击"了她的身体，导致惊恐发作。

其实，母亲的防御方式在年轻的时候就存在，她年轻的时候经历过很大的生活打击，她必须要用转移注意力的方式让自己存活下来，那些对生活的不满、愤怒，对不幸命运的悲伤，所以这些情绪都从来没有被真正释放过，焦虑也伴随了她一辈子。她非常善于使用防御和抑制性情绪，她也会经常这样劝诫他人。当她到了古来稀的年龄时，突然遭遇了一个外在事件，情绪的洪流太过猛烈，于是导致惊恐发作。所以，母亲由于害怕悲伤，引发了焦虑，焦虑又引发了更深的悲伤，而她又非常善于回避所有可能与悲伤存在连接的东西，一环套一环，最终就生病了。

❮ 在书写中释放核心情绪

只有允许核心情绪流动，我们才能够让自己的思维和感受被充分整合。当你书写某种情绪时，你可以问自己：现在我正处于变化三角模型中的哪个位置？当我们确认了具体的位置，我们就能够弄清楚自己是处于核心情绪、抑制性情绪，还是防御状态。依据这个线索，我们可以找到并命名自己的核心情绪。一旦与核心情绪产生联结，我们的内心就获得了开放的状态，而不是被焦虑、羞耻及内疚的情绪阻止，这样我们就会感觉自己越来越重要，越来越有信心面对生活中的各种事件。

举个例子。如果一个人写自己非常抑郁，他回忆自己是从什么时候开始抑郁时，他写下了这样一段文字。

"最近新上了一个项目，我是项目的负责人，这个项目从头到尾的环节都设计得非常完美。但是在执行过程中，我总感觉力不从心。我没有办法达成项目原有的期待，每天早上 4 点我就醒了，满眼都是项目失败后的画面。那些画面里有部门领导，也有隔壁部门看笑话的人。对了，还有我家人失望和埋怨的眼神。我就是不行啊，我就是做不到啊。"

当我们把这些情绪放到变化三角模型中分析时，我们知道，这肯定不是核心情绪，这段文字里表达的是抑郁和焦虑，它可能是一种防御。这个人的核心情绪究竟是什么呢？我们继续探索。

"我继续追问自己，到底是什么导致了我这么挫败？其实这个项目本身很好，但是我感觉力不从心是因为团队不给力，好像只有我一个人孤军奋战。对！他们为什么不能配合我把这个项目做好？对！我对他们有愤怒！但同时，我也有一种对自己的悲伤。从小到大，我总是一个人，我做什么事情都是自己争取来的，没有人帮我，父母不能帮我，兄弟姐妹也不能帮我。我们全家搬到大城市，整个家庭都非常孤独，没有任何人可以依靠。我一个人奋斗，没有任何人可以帮我。"

"是的，一想到自己是孤独的，我的心里就涌现出一股深深的悲伤。无依无靠的悲伤，独自奋斗的悲伤，孤立无援的悲伤，这份悲伤不断弥漫，就像是汪洋大海。而我就是一只孤独的小船，我的悲伤就如海水一般汹涌。"

看到这里，我们就找到核心情绪了：悲伤。

通过书写悲伤，我们可以清晰地体会悲伤，从而减少抑郁和焦虑情绪，让大脑慢慢地平静下来。不要抗拒这份悲伤，这会让你更加焦虑，也不要防御你的焦虑，这会让你更抑郁。在你将这些内容全部书写完之后，你会感到一种前所未有的平静。因为你清楚地知道是什么让你感到焦虑了！

找到核心情绪之后，我们就来学习如何通过书写核心情绪来释放它对我们的影响。

当你意识到自己当下的核心情绪是什么的时候，这个经历其实很容易与过去相似的情绪体验联系在一起。这种联系是通过记忆、情绪、身体感受和信念共同完成的。所以，有些人遭受剧烈的外界刺激时，瞬间就退回到儿童阶段，用小孩子的行为方式来应对当下的情景。这是因为他体验到的情绪与他小时候所经历的创伤是相似的，所以他会用与小时候一样的方式应对创伤，从而产生这种退行现象。

因为曾经的核心情绪未被充分地表达和释放，如果你在产生情绪的当下，就可以深深地体验自己的核心情绪，即使只有几分钟的时间，这份核心情绪也会得到缓解。所以，你可以将这份核心情绪不断地书写出来，让你的感受被看到，这会给你带来好的感觉，至少你可以得到一定程度的缓解。当然，除此之外你还可以为自己做更多。

伴随核心情绪被看到，你通常可能会发生以下几种情况。

一、你会哭泣，不论是无声地流泪，还是低声啜泣，甚至号啕大哭。

如果你哭得很厉害，请注意自己的心率，适当地深呼吸。曾经被储存在身体里的感受被唤醒后，人体会快速分泌肾上腺素，当肾上腺素的水平恢复正常后，你就会感觉好一些，这个过程可能需要几分钟的时间。当然，如果你有很深的创伤，请你在专业人士的帮助下进行治疗。

二、在扫描自己的身体后，你可以感知核心情绪在身体各个部位的感觉。

这是一份很微妙的工作，你可以把自己的注意力移到自己的颈部、心脏、腹部、背部等部位，以非常缓慢的速度扫描整个身体，然后将你体验到的感受书写出来。例如，有的人在号啕大哭后，慢慢地做身体扫描，之后，他写了这样一句话："我现在感觉浑身放松，好像微风从我的皮肤上划过，我的心里好像开出一朵花，一种安宁、祥和的感觉遍布我的全身。"任何感觉都是被允许的，你只要真实地书写出就可以了。

一般情况下，集中注意力观察自己 15 秒左右，你就会产生类似的感觉，这样的情绪观察与冥想有相似之处。我们在冥想时通常会被提醒，要不加判断地关注身体本身，要开放我们的意识和身体体验，在此处也是一样的。

三、当你身体的某个部位有强烈的感受时，你要在此处停下来进行书写。

请你将所有的注意力转向感觉非常强烈的身体部位。例如，头疼，一个人在非常悲伤的时候可能会出现缺氧反应，头疼可能就是缺氧反应的副产品。在这种情况下，我们需要对头疼进行一些处理，首先是深呼吸，吸入更多的氧气，缓解头疼。然后，我们可以在电脑上写："现在我需要什么。"如果有人写：他需要一个布偶娃娃。那么他可以继续书写：如果我和这个娃娃睡在一起会怎么样。

在后面的内容中，我也会介绍，疗愈需要一个重要的关系人或重要的客体，这个关系人或客体曾经在我们成长的过程中很好地支持我们，当我们在书写中重新经历痛苦体验时，我们也需要这个关系人或客体的支持。如果是一个布偶娃娃，你可以想象与这个布偶娃娃待在一起的感觉；如果是一个现实中的人，你也可以想象他会对你说什么，把这些想象到的话语都写下来。

四、在完整地体验了核心情绪的起伏之后，我们会进入生物学上的修复过程。

这时，我们跟自己的身体感觉保持一致，并让感觉在身体里流动，直到它自然停止，从而使我们进入疗愈的状态。在这里，我们可以体会到放松、平和、安详等感觉，请双脚着地，用心体会身体的感觉，就像前面扫描身体的过程一样，一点点感受这份放松。

在此之后，我希望你可以把刚才放松的过程书写下来：你的身体体会到了什么，身体还有哪些变化，你产生了什么样的情绪，这给你带来哪些感悟。这些书写会强化你的这份安详、宁静的内在体验。

五、你可以写下一段感恩自己的话。

为了疗愈自己的核心情绪，我们做了很多努力。感恩，也是一种疗愈，我们最应该感恩的是我们自己。

"我从来没有这样的体会，我感觉自己是如此安全，如此被关心。我要感恩自己给了自己这个机会。"

"感恩我的身体，它今天陪我一起经历了那么多，我今天很努力，我真的拥有很多，我现在充满了感恩。"

所有的心理治疗都基于一个事实：在某种可控的情况下，大脑中的神经元会以可预测的方式移动并相互连接，然后形成新的联系。如果没有脑细胞的重构，学习将不可能发生。就像我们小时候学走路时，我们遇到障碍物会绕开，如果没有这样的学习，那我们每次遇到障碍物可能会直接撞上去。

身体层面的记忆不仅存在于认知层面，也存在于情绪层面。当我们正在经历某种体验的时候，信息会通过无数感官传送入大脑，于是被刺激的脑细胞开始活跃并相互连接，从而形成记忆。所以，当你闻到茶叶蛋的香味时，你可能瞬间想起童年时外婆给你煮茶叶蛋的场景。过去与现在的融合，是因为新旧脑细胞网络同时被激活了。

某种体验出现得越频繁，并且相似体验间的间隔时间越短，脑细胞之间的联系就会越牢固。观察发现，儿时受到虐待的儿童长大后，稍微有一点外界的刺激就会回到惊恐状态。因为在儿童时期建立的模式重复出现并得到强化，从而对身心有很大影响。

当悲伤情绪被唤起时，我们也许会感到害羞或焦虑，这些都会让我们压抑悲伤。但现在我们学会了一种新的方式，就是去体会这份悲伤。这是一个全新的学习过程，大脑里旧的习惯已经跟随你几十年了，就像你家门口一直存在的一条马路，而现在你需要开创一条全新的、不受阻碍的道路。既然是开路，过程就不会一帆风顺，你需要一遍一遍地重复它，直到你的大脑形成了新的神经回路。

所以，治愈自己的方法就是将眼下发生的、给你的感受带来触动的事件写下来，辨别这个感受是处在变化三角模型的哪一个角，然后找到核心情绪，并重复上面的步骤。

＼ 情绪与认知是两条通路

接下来，我们就要回顾过去，开始疗愈生命中的那些伤痛了。每到此刻，就会有质疑的声音出来："为什么要揭过去的伤疤呢？跟过去纠缠，对未来有什么意义呢？"当然也会有支持的声音："不要陷在与父母的恩怨中，反过来想，我们其实不是原生家庭的受害者，我们是自己生命的创造者。"当你把自己放到创造者的位置上时，你就不会继续耗用能量抱怨父母，原生家庭的问题就有可能得到解决。

这些说法听上去挺有道理，可能你尝试了以后也确实暂时有效。但过不了多久，你的情绪问题又开始反复，你被原生家庭牵动的情绪并不会被疗愈，更麻烦的是，你原本对父母的愤怒和怨恨不但没有消散，反而因为"我努力了这么多，还是没有效果"这种想法而更加愤怒了。其实，与原生家庭之间的纠缠之所以让我们耿耿于怀，是因为它给我们带来的情绪创伤。

我们要知道，情绪与认知是两条通路。

在你情绪创伤的通路上，也就是在你与主要扶养人的互动中，如果你感受到的是愤怒、羞愧、内疚、恐惧，那么，因为这条通路已经形成了，所以你就会在以后的人生中习惯性地走上这条路。例如，看到他人的一个白眼，你就本能地感到羞耻，感觉他人看不起你。也许他人根本不是针对你，但这恰恰是原生家庭给你带来的本能反应。

如果这时候，你告诉自己："我是自己生命的创造者，我要往前看。"就像是你在开车，有人在山顶拿着小旗子对你喊："你快改道！"那你会改道吗？不会。因为你只认识这一条路。这就是情绪创伤带来的问题。治疗的根本就在于你一定要回到创伤的原点，最起码你要正视这个问题确实给自己带来了伤害。

如果这时候你告诉自己："没事的，过去的事我就不计较了。"那么一切就真的会过去了吗？不会的。也许你这样劝慰自己后会自我感觉良好，觉得自己把注意力放在了创造自己的生命上，而且面对父母的时候，你的脾气也变好了。但是，你在某个地方压抑的情绪，必然会在其他地方冒出来，最后总会有人为你的情绪创伤买单，也许是你的伴侣，也许是你的孩子，也许是你的朋友、同事。因为你没有建立新的通路，所以情绪还是会产生。

因为父母的认知受限，他们很难改变，所以，要想疗愈伤痛或者与原生家庭和解，我们不是和父母理论、质问，这样只会让我们与父母的关系更糟糕，唯一有效的方法是在大脑里创建新的情绪通路。大脑具有一定的欺骗性，如果你可以在大脑中开通一条新的情绪通路，那么你在和父母的互动过程中，情绪就有新的通路可走，这样一来，你对外界的反应和生活中反复出现的情绪问题都会得到改善，人际关系也会变得更好，这样才是顺理成章、水到渠成的改变。

接下来，请跟着本书的指引，我们尝试用自己帮助自己的方法与原生家庭进行和解。

在回顾过往中完成核心情绪的疗愈

穿透 → 抑制性情绪 → 找到 核心情绪 → 精准疗愈

在书写中释放核心情绪

检视确认 → 找到命名 → 书写体会

扫码查看完整思维导图

8 书写生命中的爱与哀愁

在上文中,我们介绍了情绪创伤理论,接下来我们就要运用这个理论回忆我们生命中的种种事件。

我们会从三个阶段进行回顾:从大学到成人的阶段、青春期以及童年。请你在每一个人生阶段找到相对应的重要他人或重要客体。重要他人是给过你正向力量,或者在你人生的相应阶段帮助过你的人。你想起他就会心怀感恩或自信满满。例如,你大学的老师可能跟你说过一些话,或者为你做过一些事情,直接或间接地帮助你渡过难关,那么他就是你的重要他人。重要客体是在你成长过程中陪伴过你、让你想起便心生温暖的人或物体。

＼ 回顾过往的准备工作

在开始回顾人生的过往经历时,我希望你可以做一下准备工作。有些人可能在回顾过往的时候,意识到自己没有一个陪伴自己的重要的人，或者没有一个给自己力量和帮助的人。但是请你相信，你一定曾有过重要客体！即便是小猫、小狗，或者布偶娃娃，甚至只是一个内在的声音，它也是重要的资源，请你把它识别出来并加以命名。例如，你可以把家里的玩偶当作重要资源，命名它为"信心"或"力量"。如果你实在找不到，你也可以找一位理想中的重要他人，让他来陪伴你。例如，你在成人之后，遇到了一位非常好的朋友，你可以把他当作理想中的重要他人，在回顾人生过往经历的时候，你需要他参与，看看在不同的时空中，这个人会给你什么样的资源和力量。

做好这部分工作之后，我们就可以开始回顾了。

我们先回顾自己的成年期。作为成年人，我们的主要任务就是学会爱和独立。一般来说，在成年早期，我们刚从学校毕业，对社会充满了好奇，对很多事情都是懵懵懂懂的。无论是谈恋爱还是初入职场，这都有可能会让我们经历一些情感上的创伤。例如，有人可能会感到这个世界不像原来那么单纯了，或者还有一些恋人莫名其妙地就消失在了人海之中。如今回忆起来，这些点点滴滴会让人隐隐感到心痛。我们常常只是学会了隐藏和掩埋过去的伤痛，却从未与它好好告别，也没有将它好好安放。

这次的书写，就是一个与它们告别的机会。

埃里克森的人生发展八阶段理论，为不同年龄段的发展提供了理论依据和教育内容。任何年龄段的教育失误，都会给一个人的终生发展造成障碍。这个理论也告诉每个人，你为什么会成为现在样子，你的心理品质中哪些是积极的，哪些是消极的，它们是在哪个年龄段形成的，同时也会为你提供一些反思的依据。

在婴儿期，我们要解决的是信任与不信任的心理冲突；在2～4岁的儿童期，我们要解决的是自主与害羞、怀疑的冲突；在学龄初期，即4～7岁，我们要解决的是主动性对内疚的冲突；7～12岁，我们要解决的是勤奋与自卑的冲突；在青春期，我们主要解决的是自我同一性与角色混乱的冲突；在18～25岁，我们要解决的是亲密与孤独的冲突；在25～50岁的成年期，我们要解决的是繁衍与停滞的冲突；50岁以上的成熟期，我们要解决的是自我完善与失望的冲突。

通过埃里克森的人生成长八阶段理论，我们回顾自己的人生经历，那些之前梳理的核心情绪，究竟是发生在我们人生的哪个阶段？它在相应的人生阶段又是如何演绎的？我们将它书写出来，充分地表达出当时的情景，再邀请该阶段的重要他人与我们对话，或者连接你的重要资源，这就是我们在这一部分回顾人生过往经历时所要完成的任务。

❚ 爱情与丧失对心理成长的影响

在 18 ~ 50 岁，我们会恋爱、结婚、生子，在社会中寻找自我价值，确认我是谁，我能为这个社会贡献什么。很多人的真正成长都是在这个阶段完成的。

在咨询中，我接待过一位女孩子，她无论如何都进入不了一段亲密关系。我在咨询中发现，她每认识一位新的异性，就会不自觉地把对方和初恋男友相比。但是她并没有意识到这一点。她总是挑剔对方的种种问题：这个人没有上进心，那个人相貌一般，等等。反正在拒绝对方的时候，她总是有各种理由。我们在深入探讨的时候发现，在她内心深处，每一个异性都比不上初恋男友。当我问她是如何与初恋男友分手的时候，我们发现了一个重要的问题，她是在电话里被初恋男友通知分手的，而且非常突然。他们是异地恋爱的关系，所以她根本就不知道分手的真正原因是什么。所以，这位女孩子在心里留下了心结。

在那个分手的电话之前，这位女孩子已经隐隐约约感觉到两个人之间的关系开始疏远了，但是这么多年过去了，她依然会在夜深人静的时候思考，到底是什么原因致使他们分手的。是因为异地，两个人没有在一起的希望吗？还是因为他移情别恋而不敢告诉自己真相？还是他的父母不同意他与一个外地人谈恋爱？女孩子的心思一直停留在这件事情上，这就成了她的心结，并且像背景音一样干扰着她之后的恋爱进程。所以，这个女孩子并不是缺少进入亲密关系的能力，而是缺少一场与初恋的告别。

在咨询中，我遇到另一位来访者，她的外婆在两年之前去世了。在外婆去世之前，她是家中被宠爱的公主，整个人积极向上，非常有能量。在外婆去世的时候，她没能及时从外地赶回家，没有跟外婆亲自道别，这成了她心里永远的遗憾。在之后的两年里，她的工作非常不顺利。见我的时候，她已经失业三个月了，并且伴有明显的抑郁情绪。

❱ 书写那些意义重大的丧失

在这之前，你可能没有意识到，缺少一场告别如何影响了自己当下的生活。关于告别，我们要做的最重要的事情是什么？答案是面对，然后与离开我们生活的那个人好好地表达自己的心里话。一场未完结的告别可能就是我们成长路上的绊脚石。我们用书写的方式表达出来，尤其是仔细描述核心情绪的部分，这就代表我们已经看见了那份创伤。然后，我们可以站在那个我们未曾与之好好告别的人的角度，想想他会跟我们说什么。如果你写到这里，发现自己无法进入对方的世界，不知道对方会说什么，那么就请邀请你的重要他人，或者连接你的重要资源，想想他会跟你说什么，请你把那些话书写下来。

也许你的生命中没有与丧失有关的议题，那你可以书写亲密关系。例如，你在书写一段感情的时候尽情地描述当时的场景，反复书写你们曾经的争吵。你会突然意识到，每次争吵都触及你的一个核心情绪。例如，你的核心情绪是恐惧。在第一次争吵的时候，因为对方工作加班，你们很少沟通，你很焦虑，但你深层次的感受是害怕失去对方。第二次冲突的时候，对方忘记了你的生日，你们大吵一架，对方觉得有点厌烦，于是，害怕失去对方的恐惧再次被唤起。后来，你不断地为对方对自己的忽略而生气，而对方又因为你的生气而不断地被推远，这让你更加生气。在这个过程中，我们就会发现，每次争吵都有恐惧这个核心情绪参与。

在书写的过程中，我们要尽量回到当时的情景，把恐惧细致地描述出来。例如，当时发生了什么？你心里的感觉是什么？身体的感觉是什么？你当时的想法是什么？你采取了什么行动？这些都需要你在回顾过往经历的过程中不断地书写出来。在描述核心情绪时，你要尽量细致。例如，描述恐惧，你可以写："我整个人缩成一团，我的身体发冷，那感觉就像身处无人的黑夜，四处没有人，也没有声音，伸手不见五指。"你把恐惧描述得越详细，你就在潜意识里把这份恐惧释放得越彻底。

同样，你也需要邀请自己的重要他人进行疗愈。但如果这个重要他人在你的亲密关系中做了伤害你的事情，那他就不是书写疗愈中需要邀请的人。你邀请他出来对话，他仍然可能伤害你。

练习：在书写中告别

回顾你在成年时期重要的亲密关系，如果你跟某些重要的人没有好好告别，请你书写出来。如果你每次的亲密关系都有始有终，那么你可以认真细致地回忆过去，看看每次亲密关系是如何发生的，并疏理出你的核心情绪是什么。

在书写中，你需要注意的是：找出你的核心情绪并尽量细致地描述，邀请你要与之告别的那个人或者你生命中的重要他人，写下他会对你说的话。

范文：卸下戏装，成为自己

写作者：Cherry

在亲密关系中，我最重要的核心情绪是害怕分离，害怕和我最亲密、最在乎的人分离。我不知道这种害怕是恐惧，还是悲伤？恐惧好像有点太过，应该是悲伤，是一种与很亲密的人分开的悲伤。

曾经，我对自己要长大、要和父母分开而感到难过。我不能一直陪伴在自己最亲密的父母身边，我要走向独立。而长大后，对于和 L 的分离，我也一样感到难过。也许这就是无意识地重复曾经的伤痛吧。这是一种悲伤和失落：在你的生活中，我不能成为你最重要的那个人，而在你以后的生活中，我也无法成为你最重要的那个人。

或许这是失控。我在作茧自缚，我总是把自己和另外一个亲密他人紧紧地绑在一起。而当我要主动或被动地拆开这个茧的时候，我有一种恐惧，有一种害怕，有一种失落，有一种不适应，就是从最重要的人的生活中淡出的那种恐惧。写到这里，长喘一口气，说不出是什么感觉。

我和那时候最亲密的人虽然也曾告别，但不是很好的告别。其实明明没什么，可是我总要带着一肚子的怨恨和指责，去破坏关系，去哭，去搞坏自己的情绪，这也许也让对方不好受。本来明明无事，自己却像找事一样，上演一出出"戏码"，搞一些事情和小脾气出来。

如果我的生命中有我想象的贵人，他会和我说："醒来吧，孩子！你要长大了，不要再玩这种无趣的游戏。人生还很长，但时间很宝贵，你有很多重要的事情要做，你没有时间去重复过去所谓的阴影。人总要长大，总要独立，这样才可以去迎接属于自己的真正的美好。至于你的亲密的人，如果他确实是你生命中重要的人，时间不会破坏你们的关系，你们永远都血浓于水。只有你走向独立，活出自己，你才会更好，你们的关系也才会更好，这样对他也更好。不是吗？加油吧！"

延展阅读：邀请重要他人

邀请重要他人的作用是什么？

当我们找到自己的核心情绪并将它书写出来时，我们就跟这份核心情绪建立了联结，并且在这个联结的过程中对自己产生了深深的同情。自我同情是非常重要的。

也许你在书写的过程中会有疑问：为什么我感受到的核心情绪不强烈，但是抑制性情绪那么强烈？原因就是我们曾经把核心情绪阻断了，不允许自己的核心情绪表达出来，所以抑制性情绪才会出现得那么频繁和强烈。它反复出现的目的是为了提醒你：深入看看你被阻断的核心情绪是什么吧！

所以，你现在要做的就是重新联结核心情绪，充分地同情自己。看见即疗愈，这种看见需要我们自己先给自己。

在本章的练习中，我们回顾的是成年之后的事情。在这个阶段，我们大概率都会经历恋爱。在恋爱的过程中，有哪些人和事让你到现在还念念不忘呢？也许这里就有你未完成的情结，未被披露过的核心情绪，它们伪装成其他情绪在我们的生命中频频作祟。所以，我们现在需要回顾成年期的故事，使自己与那份被阻断的情绪重新建立联结。

例如，如果你是被通知分手的，或者分手很久后你才知道，原来对方已经出轨很久了。你可能连愤怒都无处表达。那么，你就可以通过书写充分地表达它，跟过去的感情做一个告别。

也许有人会问，如果我与核心情绪无法建立联结会怎么样呢？最大的可能就是，你会在抑制性情绪里反复循环。如果一个人的愤怒（核心情绪）不能得到表达，那么在他的成长经历中，他与愤怒是断连的。在成人世界里，他就可能会遇到这样的情境：别人侵犯了他的边界，或者别人因为自己的问题而爆发愤怒，他反而会产生自责和内疚（抑制性情绪），甚至他还要去讨好（防御）对方。这看起来是不是很像情感操纵的现象？

我的一位好朋友也有类似的情况。他到一个公司谈合作，对方公司前台的行政人员对他的态度突然特别不友好。回来以后，他就问我，自己的行为是不是有不合适的地方。显然，他产生了内疚与自责。这就是一个抑制性情绪的标志。一般情况下，一个人与对方正常沟通，突然遭遇对方的暴力时，这个人的本能反应应该是愤怒。但是，这位朋友长期把自己与愤怒情绪的联结切断了，所以当他遭遇对方的坏脾气时，他的本能反应是自己有什么地方做得不对。我帮朋友分析完之后，他突然就理解了自己，他发现自己在生活中常常因为莫名的内疚情绪而选择做一个好好先生，在关系中讨好对方。

有趣的是，他的妻子也向我抱怨过，她觉得丈夫实在是太软弱了，所以她总是对丈夫发出指令。面对妻子的一些过界行为，这位朋友又回到了自己的抑制性情绪中，继续感到自责与内疚。几个月之后，这位朋友跟我说，他发觉自己的这个毛病从初恋时就有了，他的初恋女友离他而去，嫁给了一位身份地位都比他高的人，而他认为原因是自己配不上初恋女友。

所以在很多时候，我们生活中循环的痛苦，恰恰是因为我们缺少了一场告别。

第8章 书写生命中的爱与哀愁

回顾过往

大学到成人

青春期

童年

书写那些意义重大的丧失

仔细描述恐惧

彻底释放潜意识

充分书写

与过去告别

扫码查看完整思维导图

9 重建自我认同和自尊

回顾成年时期的心路历程后，接下来就到了非常重要的青春期。从心理学的角度来看，青春期心理发展包括五个任务，即独立性、自我认同、亲密感、身体稳定性和认知发展。其中最主要的两大核心任务是完成独立性和亲密感。

这是什么意思呢？青春期的心理发展是为了自我认同或者形成自我，其特点是：自我认同基础上的独立性和亲密感的需要。这个年龄的孩子就是在不断地探索独立与亲密的冲突之间形成自我认同，完成自我同一性的发展。

❯ 独立性

青春期的心理发展包括五个任务。

青春期心理发展的第一个任务是独立性。独立性是指心理上分离个体化的部分。在这个阶段，个体要完成与父母的分离，为走向社会、发展自我做好准备。如果父母在这个过程中不允许孩子分离，不允许孩子有自己的朋友圈，不允许孩子有自己的主张，仍然沿用在儿童期时对孩子使用的绝对权威式的管理方法，那么孩子在成年后很可能发展出两种极端的现象：第一种现象是孩子遇事犹犹豫豫，难以自己做出选择，仍然要依赖父母，也就是所谓的"巨婴"；第二种现象类似于反向形成，孩子似乎很有主见，无论权威说什么都要反对，结果把人际关系搞得一团糟。

＼ 自我认同

青春期心理发展的第二个任务是自我认同。我们逐渐形成"我是谁""我有没有价值""我值不值得被爱、被尊重"的意识，以及我们对自己性别的认识和性取向的确定等。这些都需要我们在与社会的互动过程中形成认同的边界。这个过程可能需要几年的时间，整个青少年时期甚至成年早期，差不多在 12 ～ 25 岁，我们都在做这些事情。

如果你在成年后总有受挫的感觉，觉得自己不够好，不配得到爱，也许主要原因是我们在形成自我认同的青春期遭遇了传统的挫折式教育、打压式教育。

青春期发展受挫，很容易使人形成低自尊，容易聚焦于自己不好的部分，而忽视自己好的部分。这样的个体即便长大后取得很高的成就，也可能依旧会存在低自尊的情况。例如，如果他做某件事情没有尽到自己百分百的努力，他就会自我贬损，觉得自己是一个糟糕的人。

你可以把自尊想象为一个轴线。在这个轴的左边，代表着自卑，也就是认为自己不好，当然这种信念也许是与事实不符的；在这个轴的右边，代表着盲目的自负；在这个轴的中点，代表的是自信，也就是健康的自恋。我们每个人既有优点，也有缺点，我们不应该因为自己存在缺点而否定自己的优点，也不应该认为自己就是完美无缺的。自卑和自负都是不健康的自恋，这很大程度上就是因为一个人在形成自我认同的阶段出现了阻碍。

╲ 亲密感

青春期心理发展的第三个任务就是亲密感的建立。

青少年不仅要在家庭内部发展亲密关系，同时也会把目光投向家庭之外，如亲情、友情、爱情的建立和发展。如果 13 ~ 18 岁的青少年在家庭之外没有朋友，甚至都没有喜欢过其他人，那这个任务的建立可能就受到了阻碍，或者遇到了困难。

我印象里有一位20多岁的女性来访者。她在做咨询的过程中回想起来，小时候爸爸一直出差忙生意，不常在家，她就成了妈妈的"情绪配偶"。其他的女孩子要不就是成群结队地玩耍，要不就是偷偷地谈起了恋爱，只有她放了学就赶紧回家，因为妈妈全职在家，待了一天很无聊，她要回家陪妈妈说话。她也跟同学们抱怨过，妈妈老是催她回家吃饭。小伙伴们在一起讨论游戏或明星时，她的内心深处也会有一种很深的孤独感。

以前她总认为是妈妈在管着她，但现在作为一个成年人，她再回想起来，其实自己是心里不放心妈妈。在选择大学的时候，她突然意识到没有为自己活过，就选择了一个离家很远的大学，而孤独感依旧不离左右。在以后的人生中，无论她在什么城市，她总感觉自己和同龄人格格不入，内心的孤独感总是如影随形，挥之不去。

这个女孩在发展亲密感的年龄，没有适当地在心理上与父母分化，致使她之后很难走入亲密关系。而现在母亲已经有退休后的父亲陪伴，不需要她的陪伴了，她在心理上就更无依无靠、寂寥清冷。

❱ 身体稳定性

青春期心理发展的第四个任务就是保持身体稳定性。

青春期的生理发展是快速而不平衡的，这个时候身体上可能会出现一些不熟悉的、新奇的感觉，尤其是在性方面。我们每个人对性都具有天生的敏感和好奇，从没有性意识，到性特征的发育，再到性冲动的产生，我们会向外探索，也会向内探索。青春期不仅关注性，还关注外表，如发型、穿着、气质等。这些都是个体在青春期对身体自我认同的建立过程，也就是身体稳定性。

如果性发展的部分遭受打压，核心情绪被压抑，抑制性情绪产生，多为羞耻感。女性对性的羞耻感会让她在成年后的亲密关系里受挫。这种案例很多。例如，女方因为婚前对性的羞耻感导致被骗婚，男方有性功能障碍或者本身是同性恋，致使婚后一直没有性生活；或者双方正常恋爱结婚，但女方认为性的唯一目的就是生育，导致她无法享受正常的性生活。这种对性的回避甚至是冷淡，都源于内心深处的羞耻感。当然，有些人对性产生羞耻感是因为更早期的性创伤，如童年遭遇性侵。所以，人的成长是会有叠加效应的，我们疏理每个成长阶段，就会在不同的阶段看到相似主题的重演。

❱ 认知发展

青春期心理发展的第五个任务是认知发展。

认知是理性的部分，是指我们对世界、对自我的认识，包括生理与心理的平衡发展，其中最主要的任务就是我们认知事物从以偏概全的极端方式慢慢发展为一种整合的观点。对应这一项，我们也可以回顾一下自己有哪些不合理的信念，它们都是在哪个时期形成的。

以上就是我们在青春期要完成的心理发展的五大任务。如果一个人能够顺利且有支持地度过这个过程，相应来说，他在自尊的建立、亲密感的建立等形成自我认同的方面就会比较稳固。

❱ 低自尊的影响

如果一个人在青春期形成自我认同的过程中不断地在外界受挫，那就有可能形成自我价值感过低的现象，即形成低自尊。低自尊者的主要情绪有羞耻感、恐惧感，这些都有可能成为一个人生命中的主旋律，一到关键的时刻就会响起。

如果一个人长期处于低自尊的状态，就可能发展成抑郁障碍或社交焦虑障碍，对人际关系有很多损害。有的人可能会愤怒地攻击对方，或者不断地贬损自我。如果原先的帮助者一直给予这个人很多鼓励，但看着这个人不断表现出自卑，就会转而形成愤怒甚至攻击，那对于这个人来说，相当于再次证实了自己的信念——自己是不值得被爱的。

也有的人在成长过程中很少受到父母的打压，但父母因婚姻问题焦头烂额，对孩子不够重视，那么孩子可能出于对父母的忠诚和对自己的"自恋"，想当然地将父母婚姻问题归因到自己身上，认为是因为自己不够好、不够可爱，才让父母这样。这种情形也会使孩子在成长过程中自恋受挫，把精力用在对父母的愧疚上。

除了以上情况，更严重的就是被暴力对待，不论是躯体暴力，还是言语暴力，这样的孩子都会有很多的恐惧感、羞耻感、无力感，等等。

所以，这个部分也非常重要，你觉得自己是低自尊的人吗？你认为与你的自尊相关的经历是什么呢？当你回忆过往经历的时候，你能感受到在你经历的那些事件中，你的核心情绪是什么吗？

练习：与"青春期"对话

    在这个阶段的核心情绪疏理完成后，我们仍然要做邀请重要他人的工作。假设你在青春期的自尊总是被父母打压，请你细腻地写出被打压时的场景、言语、经过，并邀请重要他人与你对话。假设重要他人是你的父亲，那请你想一想，他现在会对你如何说。当然，如果你的父亲仍然和从前一样，对你打压甚至羞辱，那么他就不是合适的资源。在这个过程中，你需要邀请给你带来力量的人。

范文：在你自卑的土壤里，我开花结果

写作者：沈山

　　梦寐以求的中学，我终于考上了。为了在同学面前展现自己的漂亮与自信，我准备把大姐给我买的一身新衣服带到学校里穿。

　　临行前，我记得母亲兴冲冲地从外面过来，拉着我的新衣服指责我："上个初中，你为什么还专门带新衣服？心思不正！"

　　不！我听到的不是指责，是臭骂！骂我在学校里讲究穿、讲究美，是不正经的表现。我真的无法用文字表达，那些骂我的字眼有多么难听。

　　我记得母亲用一个手指愤怒地点我的脑门，就像带着阶级的仇恨扫射敌人一样，我不知所措，只能用僵硬的身体直直地挡住枪眼，我的内心充满了火焰。我想：你就骂吧，你骂的我每一个字我都不会接受，我想穿新衣服有什么错？任打任骂，随你的便，我就是有不正经的思想。

　　母亲的骂声像是咒语一样，让我的内心充满了自卑感：我不配穿着新衣服去上学，我穿上新衣服就是不好好学习，我穿上新衣服就不配在这个家庭生活！这些骂声穿越了 35 年，响彻时空，

震碎身心。我至今也不明白，母亲看到我拿着尚未打开的新衣服，为什么这么愤怒呢？母亲，你当初的想法到底是什么呢？

母亲，你是不是想，咱们家里贫穷，让我上初中已经不容易了，哪还能有讲究穿戴的想法，是不是这样？你的自卑心理是不是希望我在学校里也要像你一样，忍声吞气地去学习、去交友？对，母亲，你从小没有了父亲，你的内心充满了不安全感和恐惧感。你每天和别人说话都小心翼翼，你忍辱负重地在地里干活，你穿旧衣、吃剩饭，这是为了让别人看到你与世无争、让人有安全感的形象吗？你的自卑情结像种子一样，悄悄地埋藏在我的心底——从没有男孩的家庭走出来的女孩，言谈举止不能张扬和独特。

母亲，我可不是这样想的。你没有儿子，你有农村"绝户"的思想，我的内心却没有！我讨厌你低声下气的自卑心理。要知道，我能学习，我的成绩优异，老师和同学都用欣赏的眼光看我，我已经把自己看成一个比男孩还要强大的孩子。我穿新衣服不是招蜂引蝶，不是不好好学习，而是更自信、更大方地学习、交友。没有男孩的家庭又怎么了？我不是全村第一个考上大学，跳出农门的女孩吗？

母亲，你还记得大学的录取通知书送来时，别人用美慕的目光看着你吗？你把自卑当成空气来呼吸，也想让我夹着尾巴做人。

母亲，这是一个知识能改变命运的时代，正是因为你的自怨自艾，我才觉醒了自立自强，我相信只要我好好学习，积极向上，我们家就会旧貌换新颜。我讨厌村子里女孩们的思想：长大嫁人，结婚生子，一辈子"面朝黄土背朝天"地过日子。我有一个天鹅的梦想，再丑的小鸭只要努力，也有飞上天空的一刻。

母亲，现在你是全村最让别人羡慕的老人了，你有五个女儿，一个比一个孝顺。我已经在市区专门为你买了一楼的房子，只要你和父亲愿意，随时可以像候鸟一样来温暖舒适的地方居住。你比别人自由啊！我在市区最大的医院工作，每当村子里有人想找我看病，你是第一个被咨询的对象，你看着别人都用欣赏的目光向你求助，你的言语间充满了幸福和开心。在电话里，你总是笑呵呵地通知我："马上村里有人去找你看病了，你要好好接待！"母亲，我为你的幸福而快乐着，也为你的自卑而逆反着。

延展阅读：表达抑制性情绪

　　不知道你是否进入了痛苦的回忆？从本章开始，我们开始回忆青春期的故事，并坚持在回忆的过程中对应变化三角模型，尽情书写出我们的核心情绪，在书写和回忆的过程中释放曾经被压抑甚至忽略的创伤。

　　创伤之所以形成，有的时候就是因为当时的核心情绪不能被表达，所以我们一直生活在抑制性情绪和自我保护中，以至于当我们要表达自己的感受时，我们就只能很模糊地表达出所谓的感觉，如难受、生气等。在这种情况下，很多人都连接不到自己的需要。

　　我给大家做一个书写方面的短示范。

　　"我真的很恨我的母亲。我那时候才 12 岁，我怎么懂男女之情，她就把男生写给我的一封信，当着邻居的面，像笑话一样地读了出来。我当时真的很想把信从她的手上一把夺过来，可我的两条腿就像黏在了地板上，我真的是太难受了。我的脸涨得通红，整个身体像着火了一样。我也不记得过了多少时间，我在妈妈和邻居的欢声笑语中抬起了头，当我看到妈妈的时候，妈妈已经不笑了，她换了一张温柔的脸对我说：'别管那些男孩子说什么，你好好学习就行了。'我已经记不清我是怎么回复妈妈的，之后我就回了房间，开始写作业，但这件事情在我心里藏了 20 多年，我到现在都没办法忘记。"

这样一段文字，你能不能用变化三角模型分析出这个女孩子在当时的几种情绪呢？其实很明显，她对母亲有明显的愤怒。但是这种愤怒被什么打断了？她看到了妈妈的笑脸，一张温柔的笑脸，然后她的愤怒不见了，她去做别的事情，其实这就是她的防御。

这其中的抑制性情绪是什么？我们需要非常细致地去感受。当一个孩子应当向妈妈表达愤怒的时候，她听到妈妈对自己说一些期待的话，并且妈妈是一张温柔的笑脸，我猜这个时候她可能还会有一些自责或内疚。如果我们把这个故事补全，这个女孩子看到妈妈那张温柔的笑脸，她感到妈妈很辛苦，妈妈都是为了自己好，妈妈很期待自己好好学习，自己不应该制造那么多麻烦。因为这些想法，她在一瞬间把自己的愤怒给阻断了。变化三角模型就是这么运作的。

接下来，我们要书写核心情绪，这时候应该怎么做？很多人在书写愤怒的过程中，很有可能就会笔锋一转。例如，他会想：她毕竟是我的妈妈，妈妈养育我这么辛苦，我不能也不应该对她发火。如果你也是这样书写的，那在书写的过程中，你就又一次将自己的核心情绪切断了。

可能也会有人担心，难道要把愤怒用极端的方式表达出来吗？难道要写成把对方痛打一顿吗？

我认为，你可以在书写中尽情地表达自己的愤怒。因为并不会有人因为你书写的语言，或者书写中表达的暴力而受到伤害。通过把愤怒写出来，你可以把这种情绪从你的整个身体系统里拿出来。一旦愤怒得到表达，你的身体就会平静下来，当你的身体处于平静状态，你再与父母谈论你的感受的时候，就会更理性、更体贴、更友善。

情绪抑制的问题得以解决，大脑就可以更好地面对问题，找到更有建设性的方法来表达感受，所以，在一定程度上，用书写替代在心理咨询室里与咨询师的对话，是一种非常安全的方式。在处理情绪的时候，我们的大脑不会区别幻想与现实，它只会在你的体验中重新连接、经历，然后放下。你完全可以将愤怒书写出来，一旦你表达出来，它就已经开始远离你了。

在本章的练习中，如果你在表达愤怒之后还可以把自己内心的需要写出来，同时还可以邀请重要他人给你一些情感支持，那整个自我疗愈的过程就会非常完整。

还有一点非常重要。建议你在陈述事件的过程中，把主体换作"我"。例如，"我感到非常愤怒。""我感到非常恐惧。""我感觉浑身像着了火一样。"在书写的过程中，如果你写的是对方做了什么，对方如何凶神恶煞，其实你是将唤起情绪的权利交给了对方。请你具体描述"我"当下的感受是什么，不用花太多的笔墨在对方身上。这样做的目的是让你记住：你是自己情绪的主人。除非你觉得描述对方可以唤起你的感受，但重要的是你对自己核心情绪的文字表述要足够细致。

青春期两大核心任务

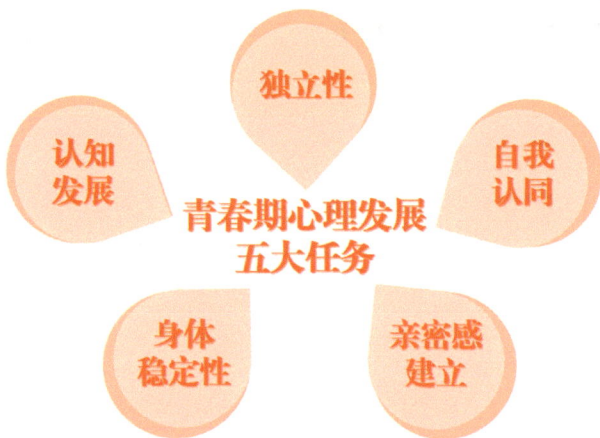

独立

亲密

青春期心理发展五大任务

独立性

认知发展

自我认同

身体稳定性

亲密感建立

扫码查看完整思维导图

10　我与我最初的梦想和秘密

回顾成人期和青春期后，我们就来到了童年期。

阿德勒说过，幸福的人用童年治愈一生，不幸的人用一生治愈童年。可见童年的重要性。心理学在讲到童年的时候，有一个重要的理论——依恋理论。当我们在成人的关系里发现自己有一些固定的模式时，如果不断回忆，就可能在童年发现蛛丝马迹。

例如，一个女孩子在恋爱的时候，如果对方令她不悦，她可能连解释的机会都不给对方，直接切断一切联系。这样的模式，也许在我们 0 ~ 3 岁的幼年阶段就习得了。

我相信对所有人来说，如果想回忆起青春期的事情，尤其是那些对我们有创伤的事情，其实不是特别难，稍微安静一下就能回忆起来。但是，我们怎么知道 0 ~ 3 岁生了什么事情？这又对我们的人格形成造成了哪些影响？其实你可以通过与父母聊天互动，尤其是母亲的反馈，来了解 0 ~ 3 岁的幼年阶段。即便你实在无法了解，你也可以对应这一章，给自己做一个简单的诊断。

心理治疗的流派有很多种，如精神分析、行为治疗、家庭治疗等，它们的治疗框架、工作基础可能不太一样，但是大部分流派都在一个理念上具有共识，这就是依恋理论。依恋理论最早来自于精神分析，从依恋的角度理解人格成长，确实非常实用。

❙ 依恋理论对人格成长的重要性

　　依恋理论是什么呢？

　　简单来说，我们在婴儿期与父母，尤其是母亲形成的互动关系，会被我们内化，从而形成一套应对外在世界的模板。所以，每个人在人生的前三年里，母亲提供给我们的营养、支持和爱护是否足够，对这个人是否有安全感起到非常重要的作用。在生命的最早期，我们没有语言能力，也没有逻辑思考能力，所以，我们在那个阶段形成的问题都是一些体验性的问题。因为年纪太小，我们还没有把那些感受命名，所以根本就不记得当时的感受是什么。

　　简单介绍一下依恋理论中的依恋类型。

　　心理学家玛丽·安斯沃斯做了一项观察婴儿安全感与母亲养育关系的实验。妈妈、一岁左右的婴儿和一位观察员在一个放有玩具的房间里，实验中先让婴儿自由探索，20分钟后，妈妈两次离开房间。每次妈妈离开时，对孩子来说是陌生人的观察员会在一旁观察孩子是如何探索的。研究人员根据孩子的反应将依恋划分为两大类，即安全型依恋和不安全型依恋。不安全型依恋又可以进一步分为回避型依恋、矛盾型依恋和混合型依恋。

安全型依恋的孩子在实验中是这样表现的：妈妈离开时，他会有不安和哭泣，但不会放弃探索，妈妈回来后他会比较容易安静下来，并在被妈妈安抚后可以继续与妈妈亲密。研究发现，这类妈妈往往内在比较稳定，人格情感丰富但不过度，能够把握自己的情绪，也能理解婴儿的需要。

回避型依恋的孩子的表现是这样的：他自己的探索与妈妈没有什么关系，妈妈在与不在，他都不会与妈妈建立联结。但从压力激素测试中可以看到，妈妈离开时，他的激素水平升高。这说明孩子虽然内心感到紧张，但外在并没有表现出来。这类妈妈对孩子需要的回应是冷漠或退缩的，也不触碰孩子的情感需要。对婴儿来说，向外建立安全感的尝试得不到回应，他就只能离开了。久而久之，他也就不会表达需要了。

矛盾型依恋的孩子的表现是这样的：妈妈在与不在的时候，他都是又哭又闹，无法与妈妈建立良好的依恋和亲密关系。研究发现，这类妈妈与孩子的情感不同频，妈妈无法体会孩子的内在情绪。妈妈虽然离不开孩子，但和孩子在一起时又不能好好对待孩子。对于这样的孩子，他内在的信念是：生活中充满了不确定感，当我表现好的时候，我的需要才能被满足，所以自己一定要非常努力才能得到自己想要的。

混乱型依恋的孩子的表现兼有回避型依恋与矛盾型依恋的特征，即有时不跟妈妈联结，有时又对妈妈哭闹。这类孩子的表现毫无规律可言。这类孩子的妈妈是这样的：当孩子有需要时，妈妈不但不满足孩子反而要求孩子先满足自己的需要。例如，一个孩子怕黑，需要妈妈的拥抱，但是妈妈拒绝孩子，还对孩子说："你爸特别不好，他怎么能这样对待我们！"这时孩子自己的恐惧没有被安慰，反而要先安抚妈妈的愤怒。这样长大的孩子自然不敢提需要，也经常会感觉伴侣不懂他。

心理学家在这个实验的基础上，又做了成人依恋的实验。

实验发现，回避型依恋的孩子成年后容易在情感关系中与对方保持疏离。回避型依恋的人往往过于独立、远离他人。他们想拥有亲密关系，但又无法真正与他人亲近，或者干脆回避亲密关系、自给自足。即使他们表面上看起来非常平静，他们在心理上也会焦躁不安。如果让他们分享感受，他们又会觉得很不舒服。

在人际交往中，他们不会依赖他人，不指望他人提供舒适和照顾，也不希望他人依赖自己。在爱情中，他们也往往缺乏深度情感交流。但是这类人往往可能在工作中表现优秀，因为工作不牵涉情感的一面。

矛盾型依恋的孩子在成年后往往变成在情感中痴迷的样子。这类人往往很难确认自己的需求，在与伴侣的相处中过度依赖。他们往往盲目地选择伴侣，因为他们没有办法客观评估哪个人适合做自己的伴侣，他们的主要目标是取悦他人。他们也会不惜任何代价避免被抛弃。例如，他们可能会反复检查对方的手机，不断给伴侣打电话，伴侣有点情况就怀疑伴侣不忠。

混乱型依恋的孩子成年后可能兼有以上两种情况。混乱型依恋的人可能会有一些严重的创伤性体验，所以他们很容易陷入孤独和绝望，不知道自己是谁。虽然非常渴望与他人亲近，但是也害怕被他人伤害。如果一个孩子小时候极度害怕自己的父母，就很可能遇到这种最糟糕的困境。

所以，在亲密关系中出现问题的人往往是那些情感疏离者或情感痴迷者，他们都曾是不安全依恋的孩子。

◥ 依恋类型如何影响成人关系

人类天生是社会性的动物，我们需要与他人相互依赖才能维持生存。在理想的状况下，我们最容易接近的是照顾者。如果一个孩子表达自己的核心情绪时，照顾者通常会以确认的方式做出反应，那孩子的情绪就会自然流动，精神健康也会得到加强；反之，如果一个孩子表达核心情感却被照顾者拒绝，那孩子的抑制性情绪和防御就会被激活，因为孩子会阻止自己情绪的表达，以取悦照顾者。

童年时期的安全程度会影响神经系统的发育，大脑在不安全的环境中容易受到创伤。没有照顾者抚慰的孩子会用防御的方式帮助自己应对，于是焦虑、羞耻、孤独感、无价值感就会随之产生。对一个孩子来说，控制核心情绪和抑制性情绪是非常沉重的，因为大脑要想避免被这些感觉淹没，就要把其分离到意识之外，以保护自己与照顾者之间的联系。所以，原本用于探索世界的能量现在就必须转向内在的世界。孩子存活了下来，但是他付出了代价。如果在孩子小的时候，照顾者是不可靠的，那在孩子成年以后，大脑会告诉他：不要信赖和依靠任何人。所以，这样的孩子成年后容易在亲密关系中感到痛苦，也会出现更高的焦虑和抑郁水平。

我们每个人的内在安全感都源自最早与父母之间建立起的安全堡垒。如果一个人在早期没有建立起内在安全感，那么他在成年后就很容易感到不安。不仅仅是在亲密关系中，他在任何关系中都可能会遇到这种困境。一个人永远无法信任自己未曾体验的东西：你的安全需要曾经被如何回应，就会影响今天你的安全感如何形成。而且，依恋风格是可以代际传递的。父母是安全型依恋风格，孩子是安全型依恋的可能性就大；如果父母是矛盾型依恋风格，那么在与孩子的互动中，很可能就会把这种风格无意识地传递给孩子。

但必须说明的是，并不是所有的问题都由父母所造成，因为每个孩子生下来都有先天气质。好养型婴儿的先天气质与母亲的匹配程度不同，可能会让一个不安全型的母亲心中生出安全的部分，也可能会让一个安全型的母亲心力交瘁。在人生的前三年，我们与母亲的依恋关系为我们打下了人格的"地基"。母亲是怎么样的人，深深地影响了我们内在的安全感。

在0～3岁这个阶段，母亲是孩子的主要抚养人，至少要为孩子提供稳定、温暖的感觉。例如，一个孩子哭得歇斯底里，没有人去安抚他，或者母亲本身就有抑郁和焦虑情绪，无法为孩子提供温暖、舒服、稳定的感觉，那对这个孩子来说，他不知道该依靠谁，他的内在可能体会到的是自己随时可以被抛弃。这种人格深处的不安全感会使他在成年后的亲密关系中难以产生深度的情感联结。

如果照顾者不断更换，那孩子就更难建立稳定的依恋关系。一个人早年的依恋对象不断变换，他就会一直处于被抛弃的恐惧里，比较严重的情况是形成边缘型人格。因为他害怕被抛弃，所以他选择不建立关系，或者人为制造一些跌宕起伏的"剧情"。很多影视剧的剧情设计中也会有边缘型人格的角色，虽然其中有艺术夸张的成分，但艺术来源于生活。

依恋建立在人格底层之上，一个人因为早期的依恋问题而导致成年后产生人格问题，成年后再想进行修复，难度就会比较大。同时，我们也要认识到，依恋会贯穿人的一生。也许在人生前三年中，我们的依恋模式不够好，但在之后的人生中，我们遇到可以依靠和亲近的人，依恋模式就可以得到矫正。

所以，即使幼年时的依恋关系有问题，之后的依恋关系也可以为我们提供第二次机会，帮助我们获得在安全型依恋关系中才能产生的潜能，可以自由地去爱，去感受，去反思。这也就是心理治疗的工作基础：在心理治疗师与来访者之间建立一种安全型依恋关系，让曾经有创伤的部分得到疗愈。

同样，在书写这部分创伤的时候，可能有人不太记得曾经发生过的事情，那么你可以根据自己的依恋类型回忆那些模糊的记忆。如果你是一个回避型依恋的人，那就请你尽量回忆。童年时，你如何与母亲互动？这激发了你的哪些核心情绪？又如何使你成为回避型依恋的人？

不知道你在之前书写中，感受怎么样？你把那些成长过程中的问题书写出来后，你的潜意识会连续释放出很多记忆，也有可能你在做练习的过程中会做梦，这些梦其实都有重大意义。如果你能记得这些梦，把梦记录下来，当然也是非常珍贵的。

练习：回顾童年

请你依据安全型依恋、回避型依恋、矛盾型依恋、混乱型依恋的特征，结合自己的行为做出判断，你可能属于哪一种类型的依恋模式，原因是什么？这个类型的行为特征和心理模式又是如何影响你的亲密关系的？这导致哪些核心情绪在你的生命中反复出现？同样，请邀请你的重要关系人与童年期的你对话，并记下他对你说的正向、有力的话。

范文：与你的疏离非我所愿

写作者：Rainbow

关于依恋类型的理论，我很久之前就学过，只是之前一直尝试用这些理论解释自己孩子的行为，却从没想过会用在自己身上。此刻，把这些依恋的类型放到自己身上来看时，竟有一种不可思议的感觉。

在这三种依恋类型里，我几乎在第一时间就能分辨出自己属于回避型依恋。在我的印象中，或者说从我记事开始，我与母亲之间的关系便是非常疏远的。母亲自己也常常说："我家的这个女儿，和我一点也不亲。"是的，我和母亲的关系简直是疏离。我经常和朋友调侃，我不能待在母亲身边超过一天，超过一天我就会无法忍受，我当年努力学习就是为了远离母亲。

小时候，大概在5岁左右，母亲有时出差回来，就会把我拉到她身边，问我想不想她。那时候我年纪小，不会撒谎，就非常坦诚地告诉她："不想。"母亲一听非常生气，然后数落我一顿。我是真的不想，真心不想。我害怕她出现在我身边，因为她一出现我就感觉压抑和紧张。我不知道我们之间的关系为什么会发展成这样的状况，直到今天，我也一直无法和母亲亲近。我无法像其他子女一样挽着她的手走路，和她睡一张床，我也无法向她诉说任何发生在我身上的事情，无论是好事情，还是坏事情，我们之间打电话，除了基本的客套再无其他。

想一想，到现在为止，我还能记得仅有的几次与母亲之间的互动，但都以非常糟糕的结局收场。

有一次，我不小心伤到了大腿，伤得非常厉害，血肉模糊，我忍着疼痛，哭着去找母亲。母亲正忙着生意，她看到我的样子，脸上露出一副"你又来惹事"的厌弃神情，狠狠地将我数落了一通，完全不顾我的疼痛。最后，还是大姐带着我找了一个小诊所，随便缝了几针。后来，我连缝伤口的线都没去拆，至今腿上还有一个伤疤。每想到那个场景，我都不想跟她提起任何关于我的事情，我实在不喜欢母亲那种数落和厌弃的神情。

更小的时候，因为我与哥哥发生争执，哥哥冤枉了我，我想跟母亲解释，可是母亲还是一副厌弃、不耐烦的神情，完全不听我的解释。她就像压根没看到我这个人似的，忽略了我的请求，任凭我独自坐在结满冰的院子里歇斯底里地号啕大哭，一直哭到睡着。

我能够想起来的大概就是这些事情。之后的日子里，我几乎可以独自处理所有的生活琐事，无须母亲操心。初中二年级父母离婚，母亲离开，我便从此开始了几乎远离母亲的生活，中间没什么联系，也没有太多的想念，但我心底里还是希望父母能够重归于好。

一切都已经过去，我们都没有办法再重来一遍。到了现在，母亲年近七旬，她大概也开始渴望与子女亲近，只是我始终无法亲近她、靠近她。我选择在一个距离母亲最远的城市生活，从空间上隔断了我们之间的距离，并且在精神上，我也一直疏离她。不得不承认，这是我人生的许多遗憾中非常重要的一个，可我竟完全不想改变它，或者是我觉得无法改变它。靠近母亲、亲近母亲，这会使我在生理和心理上都感到不舒服，我宁愿永远地遗憾着。是啊，这样的母女关系，谁能不遗憾呢！

如果回到过去，我会对那个时候的自己说些什么呢？我会希望母亲说些什么呢？或许是这样一些语言吧！

"孩子，妈妈当年一直忙于生计，没有时间和精力照顾你。能赚到钱让你们吃饱饭，就是我眼里的最重要的事。妈妈从小便没有父母的疼爱，我所有的记忆都与饥饿为伴，在我的生命里，头等重要的事就是解决我们的生计问题，我没有更多的心思去考虑吃饭以外的事。但是，妈妈心里始终是爱你们的，只是我并不知道如何去爱，因为我从来也没有被父母深深地爱过。所以，对不起，孩子，这已经是我所能做的全部了。"

是吧，母亲已经做了她所能做的全部，她已经尽力了。如果我永远活在过去的伤痛中，似乎对谁都毫无意义。放过自己，也放过母亲吧。放下了，才能真正地轻装上阵，重新开始。

延展阅读：将同情转向自己

我们在本章中进入了回顾童年的阶段。我们都知道，童年对我们的影响至关重要。家庭治疗理论特别强调安全基地的重要性：一个人内在的安全基地足够牢固，他才能够放心地离开父母。如果照顾者能够合理满足孩子对情感联系的需求，孩子就会感觉安全，这样的孩子才会努力承担风险，自信地探索世界，因为他有一个可以返回的安全基地。有安全感的孩子长大后就能与他人形成比较良好的依恋关系。

依恋类型影响人的一生，如果我们已经成长为不安全型依恋的人，虽然我们通过心理成长可以在一定程度上加以改善，但不可能完全改变成为一个安全型依恋的人。大多数人都会存在一些不安全型依恋的状态。对于较大的童年创伤，书写疗愈的作用可能是有限的。如果你是这样的经历者，建议你寻找心理咨询师。

书写疗愈的帮助，可能更多地体现在自我理解、自我同情方面。

对大多数人来说，自我同情是不容易的。那些同情和接纳自己的人，就是我们所说的自洽能力很高的人，他们会努力让自己生活得更好一些。设想一下，当你感到心烦意乱的时候，你希望得到什么样的对待，使你感觉更好一些呢？是理解、接纳、同情？还是苛责、评判、批评、否定呢？当我们被看见和被接受的时候，我们的大脑就会平静下来。

所以，对你进行自我同情的那个重要关系人很重要。如果你实在想不出来他能对你说什么话，那你可以试着想象一下，如果你很要好的朋友经历了同样的事情，和你有同样的感受，你会说些什么或者做些什么来安抚他。然后，你就可以试着将这份同情转向你自己，把这些安慰的话告诉正在遭受痛苦的那部分自己，让自己接受这份同情。同时，你还可以做一些配合练习，如深呼吸。你可以运用想象力，想象自己通过呼吸的方式，吸入"同情"，呼出"痛苦"，并在这个过程中观察自己。你可以把自己的反应记录下来。一般来说，如果你的自我同情做得比较好，你就会感到温暖和放松。

第10章 > 我与我最初的梦想和秘密

依恋理论对人格成长的重要性

回避型　矛盾型

混合型

V.S.

安全型依恋　不安全型依恋

依恋类型如何影响成人关系

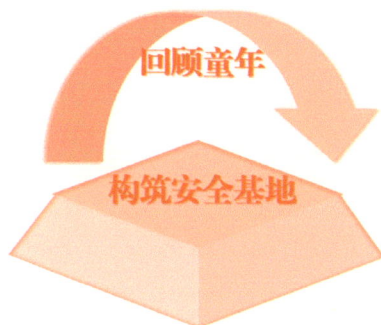

回顾童年

构筑安全基地

扫码查看完整思维导图

展开对话
生发疗愈力量

扫码获得作者导读音频

回顾过往经历，我们很自然就会意识到，在成长过程中，我们的主要抚养人（父母）在生命中给我们带来的一些议题。当然，我们也很清楚地知道，如果执着于这些议题所带来的伤害，我们就会被反复卷入伤害的漩涡，对自己内在的和解并没有太大帮助。但是，我们也不能强迫自己与父母和解，那样做只会让我们内心的冲突更严重。我们究竟应该怎么办呢？

　　对话篇的内容将为你打开一个全新的视角和思路。我们不以和解为目的，而是带着好奇，先来了解我们的父母。读完本篇的内容，也许你会意识到自己对父母和整个家族所知甚微。第一节，我们先来看看父亲这个角色。

11　与父亲对话

对于我们这代人来说，父亲的形象在大多数人心中是模糊的，或者父亲在家庭中是个隐形的存在。传统观念认为，男性养家的责任更重，参与家庭事务的时间和精力较少。同时，父亲在家庭中隐形，会让孩子与父母双方的等边三角形失衡，即孩子与母亲产生了更多的纠缠，而父亲则或主动或被动地分离出家庭。个体心理学的创始人阿德勒曾研究过父亲在家庭中的功能，之后心理学家们经过多年研究，已对这一点已达成共识。

如果你已经成为父亲，以下的内容对你也有帮助。

＼　父亲对孩子成长的作用

很多男性想当然地认为，一位合格的父亲首先要考虑的是能不能把孩子养大。这也成了很多父亲的借口，自己赚钱，陪伴孩子的事情就由母亲完成。其实，父亲和母亲在陪伴孩子方面具有不同的功能，不可互相替代。

许多孩子小时候都玩过这样的游戏：爸爸把孩子举高，孩子也渴望被爸爸举起来，觉得很刺激，但在一旁的妈妈有一些担忧和紧张。这个游戏对孩子的成长有什么意义呢？

孩子从父亲的托举中看见了世界，并且因为有了这份托举，孩子才有机会看见父亲看不见的世界；孩子从母亲的眼里看到了骄傲和紧张，这让孩子知道，有母亲的爱和关注，自己很安全。

再长大一些，父亲会带着孩子做一些略有危险性的游戏。父亲稳稳地跟在孩子身后，带着孩子去探索，这个过程特别重要。因为有这份承载，孩子更有力量探索世界，同时也知道探索的边界在哪里。这就是父亲托举的功能。

还有一个功能，叫英雄的功能。我们小时候都会觉得自己的父亲是英雄。在自己弱小无力的时候，我们发现父亲轻松就打开了易拉罐、啤酒瓶盖，有这样的英雄在身旁，我们感到无比安全。我们希望自己的孩子长大后可以具有英雄的内核，勇于接受人生的挑战。这个内核的塑造就来自于父亲，谁也替代不了。

现在社会讲"拼爹"，"拼"的到底是什么？其实父亲和孩子在一起，最重要的是有没有让孩子更具有探索能力，有没有让孩子养成开放的心态，同时也知道边界在哪里。

在中国的很多家庭里，每个人都承担着属于自己的责任：父亲承担着家庭的经济责任，母亲承担着孩子的抚养和教育责任，孩子承担着学业责任，甚至还承担着母亲的情绪。每个人都在自己的职责内努力，没有多余的力量给予彼此支持，反而成为彼此负担的源头。

假设一位父亲离家庭比较远，平时没有时间陪伴儿子，但在儿子犯错时，父亲突然出现，对儿子给予严厉的惩罚。这就相当于，平时没有在父子的情感账户里存钱的父亲，却在某个时刻大笔提现，父子的情感账户里是负数。儿子可能记得父亲对自己的打压，心疼母亲一个人操持家务，从而对父亲产生对抗心理，让愤怒的情绪在之后的人生中不断翻滚。如果这个家庭里的孩子是女儿，女儿也可能因为心疼母亲而与父亲对抗，女儿之后的亲密关系也很可能重复父母的路，女儿会无意识地选择和父亲一样的男人，并替母亲去恨男人，从而使自己在亲密关系中障碍重重。

除了以上这些，可能对孩子的成长造成影响的还有父亲本身的性格缺陷，一些父亲不知道如何跟孩子好好沟通。所以，我们在回顾过往时，要尝试站在父母的那个时代去体会。

▌ 如何了解自己的父亲

也许有些人很久都没有跟父亲好好对话了。你与父亲最近的一次谈话发生在什么时候？是在去年的春节，还是在昨晚？是在饭桌上，还是在微信里？有些人在成年后依然陷在与父母的对抗里，对父亲视而不见，避而不谈。因为我们在用孩子时的感受与父亲对抗。父亲究竟是一个怎样的人，我们还没有机会了解。如果我们作为一个成年人去了解另一个陌生的成年人，那在这个过程中，你也许会发现些什么，也许就有了一个生命对另一个生命的理解。

所以，如果把父亲当成陌生人去了解，你想要了解些什么呢？

我建议你和父亲安排一场谈话，不需要非常正式的场合，你们可以在饭桌上喝两口小酒，或者吃完饭的时候闲聊家常。在聊天的过程中，你可以带着好奇问一问父亲曾经的故事，尤其是你们还未见面时发生的你不知道的故事。你可以从第三者的客观立场了解这样一个男人如何在他的原生家庭中成长，又如何与你的母亲相遇，以及他的内心可能经历了些什么？

当然，如果在这个过程中，你能将父亲的核心情绪如何与自己的核心情绪进行互动的模式找到，那你就能在很大程度上理解你的父亲，同时也理解了你自己。

以下为一些谈话的要点，你可以在这个基础上进行扩展。

1. 了解个人

爷爷奶奶是什么样的人，他们在什么情况下结婚，对子女的态度如何？

父亲选择婚姻和职业的原因是什么？

父亲的成就和困难是什么？

父亲最疼惜的人是谁？

有什么最令父亲自豪和骄傲的事？

父亲最大的遗憾是什么？

如果生命重来，父亲想过什么样的生活？

2. 了解关系

父亲与爷爷奶奶的关系如何？与其他兄弟姐妹的关系如何？为什么？

父亲与母亲结婚的原因是什么？

婚前婚后父亲与母亲的关系有哪些变化？为什么？

父亲对孩子的期待里有对自己的期待吗？这些是否影

响他与孩子的关系？

如果生命重来，父亲最想修复与谁的关系？

当然，这些要点不必全部涉及，你可以随意选择与父亲聊天的切入点。如果你的父亲是一个情感隔离的人，那么有些牵涉情感的话题他可能就会回避，此时你可以将这个话题放一放。总之，你要在轻松愉快的氛围里与父亲聊天，你要带着百分之百的好奇心，就好像你从来不认识这个人一样。

练习：与父亲聊聊天

请你与自己的父亲进行一次对话，可以通过电话、微信、邮件等方式，了解父亲在童年、青春期、成年早期和中年阶段令他印象深刻的事件，猜测这些事件是如何影响父亲和他的人生的。如果你很难直接与父亲联系，那也可以采用迂回策略，采访父亲的重要关系人。

范文：你的默默承担成就了我们

写作者：佳娅

　　我听妈妈讲，爸爸小时候过得特别苦（当然，这些肯定很大一部分也是爸爸告诉她的）。7岁的时候爸爸被送人。收养他的这户人家的女主人不会生养，也不懂得如何爱护孩子，爸爸大冬天还要赤脚去放牛，两个脚上都是冻疮。

　　爸爸跟我说过，他10岁的时候，曾经一个人回去自己小时候的家。可是，收养他的这户人家的大伯又来接他，他再一次被带走。他和我说："怎么会穷到那个份上呢？三个孩子都养不活。"对于无法左右自己的命运，他心里有很多委屈、无奈和愤怒，但这一切他又无能为力。

　　爸爸的脑子很好用，可惜养父母不让他去上学，这是他人生中一个很大的遗憾。所以，他有了自己的孩子后，让每一个孩子都读书，不管多难他都这么做，并且不会因为是女儿就剥夺她读书的权利。

　　爸爸和妈妈结婚的时候才17岁，可是结婚了，马上就被奶奶分家了。奶奶只分给了他们一担谷子，其他什么也没有。他们还要自己造房子。爸爸还是一个孩子呢，全部的生活就要自己张罗了。那个时候造房子是特别大的一项工程，因为木头都得自己从山上背回来，同时还要养活家里的几口人。从某种意义上说，这其实是他的成人礼。但同时，他还要承受妈妈的埋怨。

爸爸和妈妈结婚早，爸爸又一贯沉默少言。爸爸常常为了孩子能吃饱饭发愁，每天早早出门，天黑了才回来，他要干完活，带柴回来，家里才能烧饭吃。孩子们都盼着爸爸回来，看到他回来就眼睛发亮，因为爸爸回来后，再过一会儿才会有饭吃。妈妈有时候会闹，甚至回娘家，他又得去把她求回来，因为孩子们实在太小了，他一个人也没有办法顾过来。

二姐考上中专的时候，应该是爸爸最开心的日子。终于有人跳出了龙门，不必风吹日晒就可以吃饱饭了，好像所有的辛苦也值了。所以爸爸才会在二姐说让两个最小的孩子跟着她的时候，同意这么做。如果再多出两个有出息的孩子，这个家的命运会发生质的改变。

我没有打电话给爸爸，也没有打电话给其他人，写完了之后，我发现爸爸真的特别不容易。

延展阅读：带着好奇了解父母

正在阅读的你，不用为了完成练习而练习，了解父亲是一个漫长的过程，请让自己放轻松。我对自己父亲的了解也花了 40 多年，每年都有新的了解。

我与父亲的关系特别好，父亲就是我心里的英雄，父亲也给了我很多鼓励和支持。在 30 岁之前，我认为自己身上的问题都遗传自母亲或者是在与母亲的对抗中产生的。但当我与母亲的和解之路走通以后，很神奇的事发生了：英雄般的父亲也掉下了神坛。

这是一个非常奇怪的过程，好像人生的前 30 多年里，我自己内心的那杆秤从来就没有平衡过。为什么会这样？因为在回忆中，感受是会被反复加工的。这是大脑给我们玩的游戏，有些事情本身的真实性就有待考证。当我不断地回忆父亲对我多好，父亲给我的支持，我就选择性地只记住父亲对我的好，也衬托出母亲对我的不好。这些都是真真切切发生过的，同时，母亲对我的不好也是真实存在的。但是，父亲也有不好的时候，母亲也有好的时候，我的大脑就选择性地忽略了这些相反的信息。

还有一层非常关键，我们成年后的关系是互动出来的，有时候我们在孩子面前所呈现出的状态，其实是夫妻关系互动的结果。

例如，父亲做错事让母亲生气了，我只看到了母亲张牙舞爪的样子，却不知道他们夫妻间发生了什么。所以，当我带着好奇去了解我的父母时，我大脑中歪曲的那些记忆慢慢地被拼凑在了一起，变成了一个相对完整的画面。之前我只看到了结果，但现在我看到了更多的原因，从而也让我接受了真实的父母，也从人性的角度理解了他们。其实，所谓"母亲对我的不好"，背后可能是夫妻关系不好的结果，其中父亲也有做得不对的地方；而所谓"父亲对我的好"，背后也可能是母亲所支撑的。

我们需要带着好奇去了解父母，了解家族，我们会发现很多未知的内容。如果你的亲人已经不在世，没有机会去了解，你也可以在能力范围内，寻找相关的亲人。这个对话的过程，你可以只是把他当成一个普通人，带着好奇去了解和观察他到底是一个什么样的人，也许你会有新的发现。

父亲对孩子成长的作用

赚钱养家

托举功能

英雄功能

如何了解自己的父亲

了解个人

了解关系

扫码查看完整思维导图

12　与母亲对话

　　在我平时的咨询中，因家庭和婚姻困扰来做咨询的来访者比较多，这其中最常见的咨询是关于出轨问题，大多数女性来访者会表现出愤怒和不知所措的茫然。但是，有一位来访者不一样，即便面对丈夫频繁出轨，她也没有因此和丈夫吵架，她只是默默伤心，觉得丈夫能够回家，她就很满足了。在亲密关系中，她没有把自己放到一个和对方平等的位置上，她把自己放得很低，即便对方在侵占她的利益，她仍然是一副委曲求全的样子。也有的女性来访者的情况并没有这么极端，但她在生活中总是把丈夫、孩子照顾得很好，而舍不得给自己买一件好东西。对这类来访者来说，低价值感已经深入了骨髓。

　　这些案例和低自尊的现象，与本章的内容有什么关系呢？在我的观察中，女性的低自尊现象往往在很大程度上受母亲的影响。女性觉得自己不够好，甚至对自我身份的认同有障碍，很大可能是女性在心理发展阶段上停留在与母亲共生或者与母亲竞争的阶段。

　　本章内容可能会激发一些人记忆深处的情感。我在做咨询的过程中，许多女性在表达对自己丈夫的愤怒时，就只是愤怒，但探索到自己的原生家庭，尤其是自己的母亲时，她们往往会泣不成声。到底谁是让我们最心痛的人，谁是影响我们最深的人，不言自明。我们看见自己在重复母亲的命运，但我们只有在心里拥抱母亲，这份痛苦的轮回才能停止。

＼　女性心理成长的特殊路径

　　女性的心理成长比男性更复杂一些。男性从出生起就在心理上没有离开过母亲，他只需要渐渐让父亲进入他和母亲的世界里。而女性需要经过离开母亲，走近父亲，再走回母亲的心理发展阶段。如果一位女性在成长过程中一直停留在认同父亲、抵抗母亲的阶段，这就会使她一方面不断陷入与女性的竞争中，另一方面也可能由于对男权的认同，而看不起女性群体。

　　如果在一位女性的成长过程中，父亲的功能并不是鼓励和欣赏，而是以"家长"的身份对女儿进行压制或侵犯，那么女性没有自由和权利，只能通过认同父权、依附父权才能获得生存和发展的保障，女性也会成长为被动的、没有自我的女性。所以，母女爱恨交的关系其实来自于渴望男性的肯定，扩散到整个社会，就是需要父权文化的肯定。所以，女性一代代陷入这样的怪圈中。

在所有的家庭关系里，母子关系，父子关系，父女关系，都不如母女关系复杂。母女关系的实质是女人与女人之间的关系，是一个女人对另一个女人的影响。对母亲的贬低，事实上是对自己女性身份的贬低；与母亲的竞争，实际上是对自己的不自信。很多女性成长起来以后，发觉自己与母亲越来越像，也就是自己认同了自己不喜欢的母亲，她们会因此而生气，拼命抵抗。但母亲又是她们生命的来处，如果不去面对，就无法面对自己内心的愧疚，所以很多人在成长过程中陷入其中。

我在心理咨询中接待的大多是女性，所以我对母亲和女儿的关系有一定程度的研究。当然，这也与我自己的经历有关。对于女儿来说，母亲是一个绕不开的人物，女儿对母亲的感情往往是既爱又恨。

在我参加的一次团体治疗的课程中，有一位女孩想起了自己的母亲，突然情绪激动，老师就让她选出一位同学代表她的母亲。女孩示意让这个代表母亲的同学坐得远一点，直到视线被另一个同学完全挡住。她嘴里不断地念着："我不想看见你，不要看见你，你离我远一点！"但就在她的"母亲"被完全挡住的一瞬间，这个女孩泪如泉涌。当老师问这个"母亲"的感受时，代表母亲的同学对着这个女孩说："当你让我坐得远一点时，我有些愤怒；可是当我完全看不到你时，我以为我会伤心，但我好像只是害怕，我怕你，我不敢看你。"听到这句话的女孩瘫软在座位上，泣不成声。

这幅场景很像现实中的母女关系。女儿恨自己的母亲，但少了母亲又觉得少了什么。已经年迈的母亲面对女儿的时候，只会用原来的那些方法相处，被女儿推远时她又手足无措。女儿与母亲之间的和解之路有多难走，每对母女都清楚。

母亲对婴儿心理发展的作用

当我们在童年时期心理发展受阻，在受阻的地方就会形成一套应对机制，久而久之，这套应对机制就构成了我们应对外部世界的防御。

最初的防御源于早期的母婴关系。如果婴儿时期，我们在母亲怀里体会到的是积极关注和温柔呵护，这份安全的依恋也会被复制到亲密关系里。虽然母亲与婴儿的配合确实非常有助于婴儿成长，但比这更重要的是婴儿的先天性格与母亲天生母性的互动。

母亲和婴儿构成相互作用的系统，在这个系统中，一个人的行为会影响和强化另一个人的行为。因此，孩子对母亲的影响可能反过来影响母亲对孩子的反应，从而影响孩子的后续发展。如果母亲的性格不利于孩子的发展，那么发展受阻的孩子又会让母亲的状况恶化。这是一个封闭的循环系统，所以，最终的不良关系不能归因于任何一个人。

同时，一个人也有先天气质。如果一个人天生敏感，看着父母的脸色长大，那么他与重要他人形成的互动经验就是："我是不被爱的。""我是没有价值的。"他产生的防御行为就是退缩、拒绝。在亲密关系里，不被爱的感受一旦被唤起，他便会主动切断关系，推开对方。

过于强调父母的影响会使我们选择性地忽略自己的先天倾向。很多人喊着要与父母和解，但总是进行不下去，最终可能都是因为没有渠道去释放那些负面感受，以及不敢面对自己的先天倾向。

❯ 与母亲的和解之路

如果你发现自己受到母亲自身局限性的很多影响，首先，你要尽可能终止影响。如果你在青春期时受到了母亲的很多指责和打压，你就不能继续活在那种被指责、被打压的孩子的状态里，你要学会疗愈和安慰自己。如果你的母亲现在仍然以这样的方式对你，你要意识到这是母亲的局限性，你要允许她做自己，但同时明白这伤害不了你。

当你的内心越来越强大，你便有了一股好奇和力量，想要了解母亲为什么会成为这样的母亲。这就进入了我们现在的阶段，了解我们的母亲。

拨云见日，看见我们与母亲彼此深刻的爱，并不是件容易的事。我与自己母亲的和解之路，也通过了几个过程。母女和解的最后一个阶段，也许是一场冲突带来的。我曾和母亲发生了激烈的冲突，在那样的冲突之下，我们彼此宣泄着愤怒和不满，伴随着泪水和悲伤。在两个人都发泄完之后，我们俩都感受到了彼此对对方深深的爱。而在这之前，我们都小心翼翼地回避着对对方的不满，各自怨恨，但又无法面对。

如果你愿意活在童年创伤里，不管做多少心理治疗或者参加多少成长课，你都可能会面临三种结局：一是修通障碍、重建关系，这是比较理想的状态；二是与母亲恢复了关系，但无法像其他母亲与孩子那样亲密；三是母亲自己的状态十分糟糕，你们无法和解，但你可以不让她影响你的生活。

这三种结局没有对错或优劣之分，取决于你自己的成长阶段。

你可以试着了解母亲，不以和解为目的，以好奇为出发点。这个最熟悉又陌生的女人，她在当年的情境中，如何长成了今天这个样子？那些与你互动的过程中给你带来的伤害，她可能有什么样的立场和角度？也许，你会从另一个角度看到母亲。

练习：听听母亲的故事

如果可能，请你打电话给自己的母亲，不用发表任何观点，只是倾听她，邀请她跟你聊聊她作为一个女人的婚姻和人生，你有什么新发现吗？如果有，请记录下来。当然，如果你与母亲的关系非常疏远、冰冷，那这章的练习请你量力而行。

范文：BB 机和"金丝软甲"

写作者：李诗怡

　　提起我的妈妈，鼻子突然酸酸的，闪入脑海的是她两鬓的白发，明晃晃地刺痛着我的心。从小到大，几乎每个人都说，妈妈是我的姐姐，看起来那么年轻，直到今天也是这样。然而，我们都知道，妈妈已经老了。从前，妈妈办事很机敏，可是今年三月我们去贵州，妈妈却把我的身份证搞丢了。那天我们正要去千户苗寨，到了苗寨门口，一直保管着全家身份证的妈妈却怎么也找不到我的身份证。我生气地抱怨起来，妈妈虽然戴着口罩，但还是可以看出她的脸都涨红了，并被我大声吼得愣住了，一句话也没有说。

　　我平复了心情之后，心痛的感觉又来了，后悔自己不该对妈妈那么大声，同时我心里也凉凉的，妈妈老了。

　　在我很小的时候，爸妈就离婚了。上小学时，有几年我都是住在奶奶家。我记得一到放学时间我就哭，因为全班的同学都有父母来接，就我没有，我要一个人走路回奶奶家。当时 90 年代流行 BB 机，我想妈妈的时候，就会含着眼泪，反复地念妈妈的 BB

机号 1278076851，有时候实在忍不住给妈妈打个电话，妈妈却说她在忙。我听到她这样说，满肚子的"妈妈我想你"就咽了回去，默默地挂上了电话。30年过去了，虽然早已用了智能手机，但妈妈的BB机我还留着，这个BB机是我和妈妈联系的纽带，我好怕弄丢了以后，就再也找不到妈妈了。

妈妈有时候会来奶奶家看我，我的耳朵非常灵，能准确地分辨出是不是妈妈的摩托车来了。记得有一次妈妈来看我，我趴在妈妈的膝盖上默默地流泪，一句话也没有说。最后很晚了，妈妈不得不走了，我强忍着泪水和妈妈说："下次早点来看我。"妈妈应了我一声："好的。"其实我们都知道，下次妈妈还不知道什么时候才能来呢。

我从小身体就弱，长大后学了心理学自己分析，这大概和想念妈妈、想得到妈妈的关注有关。因为只要我一生病，妈妈就会带我去看医生，我就可以见到妈妈，和妈妈在一起了。印象最深的是，我小时候经常偏头痛，妈妈很紧张，害怕我得了脑瘤。当时我不知道脑瘤是什么，只大概有一种感觉，这可能是一种很严重的病。后来去医院拍CT检查，什么也查不出来，可我还是会偏头痛。我很感谢我的偏头痛，因为只要我头痛，妈妈就会带我去看医生，就会陪着我了。

我很爱我的妈妈，然而当我小学五六年级进入青春期之后，我变得非常叛逆，总和妈妈吵架、对着干，所以少不了挨妈妈的打。而因为这些，我又变得很恨妈妈，很讨厌她，甚至用恶毒的话诅咒她。虽然我很顽皮，可是我从小到大都是学霸，语文和英语经常考第一，上大学也是拿一等奖学金。2008 年我高考填报志愿，在和爸爸商量后，我报了黑龙江大庆的师范学院，我很开心，因为可以离开这个家，再也不回来了。可是妈妈哭了。当时很叛逆的我根本不愿意理会妈妈的眼泪，只顾着沉浸在自己考上大学的喜悦中。

　　十几年前，南宁到大庆还没有直达的飞机，我们选择了坐三天三夜的火车，到北京转车，再到大庆。那年出发时，外婆和妈妈给我准备了大包小包的行李，羽绒服都好几件，毛衣、毛裤都是外婆和妈妈亲手给我织的。有这样一个传说，如果亲生妈妈给自己的儿女织毛衣、毛裤、围巾、做衣服，这些都会是金丝软甲，保佑子女平安，让一切邪灵都不能接近。我相信这些。所以到了 31 岁，我冬天穿的依然是外婆和妈妈亲手给我织的毛衣、毛裤。这是她们的心血，更凝结了她们对我的爱。

　　妈妈长得很漂亮，鼻子小巧，挺挺的，嘴唇很秀气，眼睛也很漂亮，还有美人尖。我是家里三代人中长得最丑的，虽然大家都夸我很美，五官长得很精致，可是和妈妈比却差得远了。妈妈总是教导我，心灵美才能永久，女孩子心地要善良，这样眼睛才会漂亮。古龙不是也说吗，一个女子，若是眼睛不漂亮，就不能算是美人。我生了一双凤眼，非常妩媚动人。妈妈很不喜欢我斜眼睛看人，她说这样子很难看，面容也扭曲，一点都不像她的乖宝贝了。而我有时候故意气妈妈，就会翻白眼给妈妈看，妈妈就很伤心，而我也不快乐。

我大学第一个学期从东北回来，全家人去KTV唱歌，妈妈点了一首《儿行千里母担忧》，一边哭一边唱，我也听哭了。一起去唱歌的邻居李阿姨和我说："诗诗，你妈妈是很爱你的。你去上大学后，她每次经过你们高中，看到那些学生蹦蹦跳跳地出来，她就会哭。因为以前你也是这样蹦蹦跳跳地走出来。"我的眼泪再也忍不住了，在KTV哭得泣不成声。我也暗暗下决心，一定要好好学习，不能丢妈妈的脸。而我，也实实在在地做到了。

虽然我是单亲家庭的孩子，可是妈妈给我的爱一点儿都不少，在物质上，我也过上了比上不足、比下有余的生活。妈妈经常带我去国内外旅游，她希望我能增长见识、开阔眼界，这样才有大的格局，才有一定的高度。我觉得我的妈妈是世界上最有智慧、最睿智的妈妈，非常开明，虽然没有读过书、没有文化，她却有独特的审美、高雅的品位、深邃的思想、高深的见地。

从前，我很怨恨妈妈，为什么我会生在这样一个家庭？现在，学习心理学之后，我更能理解妈妈了，看到妈妈给我提供的各种资源，我体会到了妈妈对我的爱。我的妈妈真的是超人，她更是活菩萨，有妈妈在，我就是全世界最富有的人。

本章练习的难点在于，我们即使想得很好，但只要母亲的一个眼神或一句话，就能轻易挑起我们的情绪，让我们与母亲的关系陷入恶性循环。很多人在做本章的练习时，认为最难的是在面对母亲时一直有情绪起伏、无法平静。当然，能让我们情绪起伏的就是我们在乎的人。爱之深，恨之切。

我与自己母亲的和解之路，也走过了几个阶段。在第一阶段，对我来说是里程碑的事件，就是我学会了将自己的情绪抽离出来。

我们一起回顾一下这个事件。

有一天我在路上开车，突然接到母亲的电话，我迅速把车停在路边。电话刚接通，我收到的是排山倒海的抱怨和指责（你可以想象一个非常情绪化的开场白），这时我内在已经有愤怒了。在这个阶段，我们双方的表现都是自然的条件反射。

我问："你到底怎么了？"

母亲说："我穿着棉裤，端着一盆要烫脚的热水，然后脚底一滑，水洒在了我的棉裤上，整个腿都被烫到了。"

我本能地说了一句："哎呀，那得多疼啊，你现在什么情况呢？你怎么那么不小心！"作为亲人，这种表达十分常见。

结果母亲说："还不是因为你，因为你不让人省心，都是被你害的。"

我听到这句话，首先是迷惑，我跟母亲隔了几千里，怎么就影响她了？其次是愤怒，母亲为什么这样莫名其妙地指责我？

但是，这个时候，我做了一个非常大的改变，我突然意识到母亲的情绪需要我先承接一下。在那个瞬间，我感觉自己整个人从那场对话中抽离出来，我看着正在打电话的那个"我"。我对母亲说："听上去真的好疼啊！你能跟我具体说说看，这个疼和我有什么关系？"

母亲接着抱怨："还不是因为我端着水的时候，在想你的那些事儿，想着想着我就走神了，脚底就没注意。"

听到这里我就理解了，这是母亲自己情绪化的表达，她已经习惯了这样表达自己的感受。当然，后面的谈话就是我在不断地共情她，不断问她一些细节性的问题。例如，裤子烫湿了以后怎么处理？烫伤怎么处理？爸爸怎么帮忙的？我问得非常细致。

其实在这个部分，我已经完全脱离了女儿的角色，而是以一个心理咨询师的身份与母亲聊天。虽然把她的电话挂掉以后，我还是挺愤怒和伤心的，但当时的谈话状态是我们之前没有的。这次是我把她的心情安抚好，理解她、体谅她，最后母亲反过来宽慰我，让我放心，接着就挂了电话。我能感觉到母亲收到了我对她的理解和关爱，而一旦她收到这些，她的埋怨也就不存在了。

所以，和解的第一步，就是尽量在与父母的情绪对话中把自己抽离出来。如果你做过心理咨询，回想一下你的心理咨询师是如何不被你的情绪卷入的；或者你是心理咨询师，你会怎么对你的来访者。在开始和解的阶段，这一步可能对你至关重要，突破了这一关，你才真正走上了和解之路。

女性心理成长的特殊路径

母女关系

实质
- 女人与女人之间的关系
- 一个女人对另一个女人的影响

卡点
- 对母亲的贬低
- 与母亲的竞争

母亲对婴儿心理发展的作用

最初的防御源于早期的母婴关系

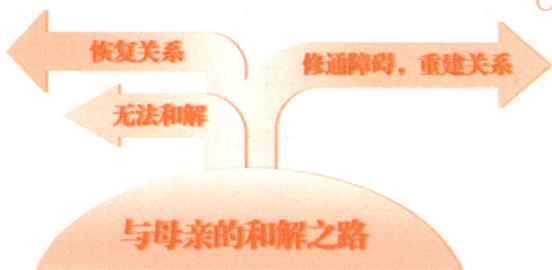

恢复关系

修通障碍，重建关系

无法和解

与母亲的和解之路

扫码查看完整思维导图

13　与家族对话

当你疏理完与父母的关系后，你对他们有什么新的发现和理解吗？现在，我们在了解父母的基础上再进一步——重新审视整个家族。

对个体而言，最重要的情感关系是家庭关系，而夫妻关系是家庭关系中的核心。只有父母相爱，孩子才会感到安全和自由，他才会放心做自己。所以，在梳理完自己与父母的关系后，我们来看一下父母之间的关系，以及父母的关系可能对我们的影响。我们会发现，父母之间的模式也会有可能传承自父母的原生家庭。

❯ 家庭中未分化的情绪包会被继承

如果我们往上一代追溯，甚至更早的祖辈，我们会发现很多代际传承现象。我在做家庭治疗的时候，尤其是在修通父母关系的阶段，来访者了解父母身上发生了什么事以后，会发现家族之中有一些东西被无形地传递了下来，除了基因和相处模式，还有未分化的情绪包，父母也无意识地继承了下来。

"未分化的情绪包"是什么意思呢？家庭是一个情绪来源，情绪系统控制家庭每个成员的行为。如果把家庭放在多代人或历史的框架之下，我们就可以更好地理解当事人的行为。

一个人的成熟就是自我分化的过程，自我分化很重要的一步是个人从家庭的情绪系统中解放的过程，即面对情绪压抑的时候，个人能够使意识客观化，并且采取理性的行动。意思是，你行动时可以尊重和遵循自己的价值观，而不是让来自家庭的情绪驱动自己。很多时候，我们个人的行为不是被理性所支配的，而是受到家庭情绪的影响。如果一个人尚处在自我分化的路上，那他就处在两种力量中，一方面他想摆脱这种情绪的来源，活出一个独立的自我，而另一方面他又时时刻刻被这种情绪拉扯回去，所以他始终处于矛盾中。

有一些情绪是个人成长过程中所积累的，但有一些是家族中未分化的情绪包，即家族成员之间会有一些核心情绪被继承下来。例如，父亲对原生家庭充满了愧疚感，于是不断为原生家庭付出，妻子感到丈夫缺位，有很多抱怨，那这个家庭的孩子长大后会心疼母亲，同时也会怨恨父亲，这是在他的意识状态里的。这个孩子长大后也会无意识地在自己的婚姻里重复父亲的行为，就是心思都在原生家庭里，因为他心疼自己的妈妈，充满了愧疚。所以，放到代与代之间看，愧疚感是这个家族不断强迫性重复的重要情绪。

当然，除了情绪上的代际影响，家庭中可能还有三角化关系、手足竞争、同胞位置等的影响，这些都有待你在探索家族过往的过程中去发现。

了解家族的工具：家谱图

家庭治疗中经常会使用一个工具来帮助来访者了解自己家庭中未分化的情绪，从而理解父辈和祖辈及哪些核心模式被继承了下来，这个工具就是家谱图。家谱图用图示的方法表现家庭的相关信息，显示家庭中三代以上的关系，这种示意图可以从生物、心理和社会几个方面提供有用的信息，帮助我们识别出家人和家族成员的情感模式、行为模式，以及代际传承现象，让我们更好地了解家庭。

我们一起来学习一下，如何制作家谱图。家谱图包括一些基本信息和制图符号，如图 13-1 所示。

家谱图的绘制规则和图式汇总

绘制家谱图时需要关注的信息：

家族成员基本信息：性别、年龄、职业、生死、婚否、生育、同胞排序；
每位成员基本情绪和行为特征：各用3个形容词或名词表示；

关系：成员间关系的亲近、疏远、矛盾及居住状况；

值得注意的情况：暴力、躯体疾病、精神障碍、流产、秘密、禁忌、死
亡原因等

家庭关系联结标志

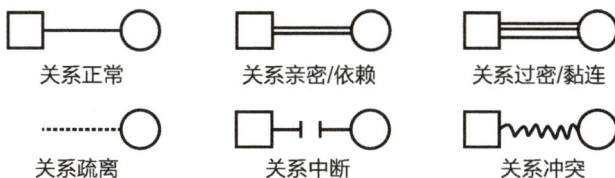

关系正常　　　　　关系亲密/依赖　　　　　关系过密/黏连

关系疏离　　　　　关系中断　　　　　关系冲突

家谱图符号

男性　女性　未知性别　宠物　被收养的孩子　被寄养的孩子　怀孕　流产

堕胎　死亡　龙凤胎　双胞胎　"我"

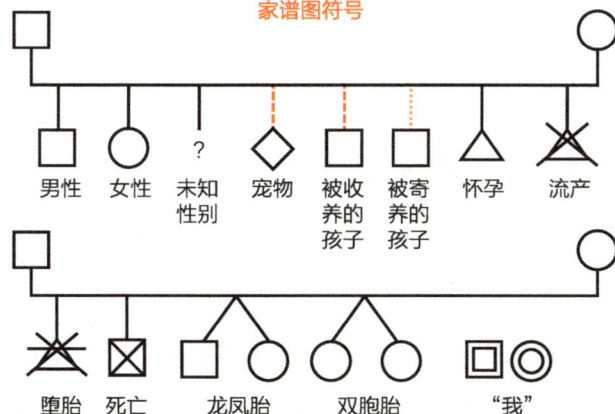

图 13-1　家谱图的信息和图式

接下来我们一起看一张家谱图，如图 13-2 所示。

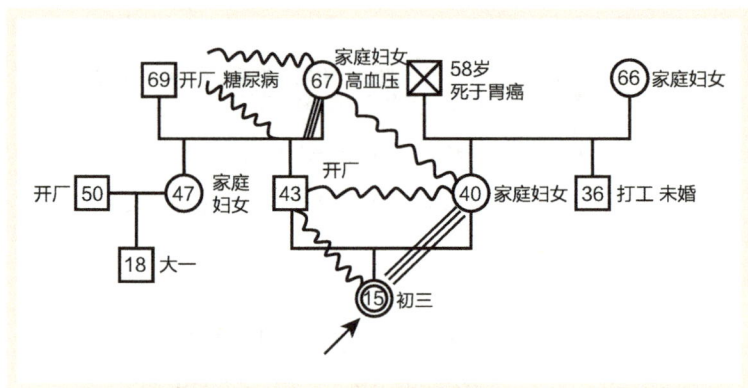

图 13-2　家谱图示例

　　来访者是一位 15 岁的女孩，我们就先画一个圆圈，因为她是来访者本人，所以在外面再画一个圈。记住，这个代表"我"与其他人的区别。

　　她的父亲 43 岁，因为是男性所以用一个方框表示，他的旁边有一位女性 40 岁，是这位女孩的母亲，用圆圈表示。这位女孩是位独生女。再往上看，这位母亲旁边标示着"家庭妇女"。

　　这位母亲的原生家庭是什么情况呢？这位母亲排行老大，后面还有个弟弟，弟弟 36 岁、打工、未婚。我们画图的时候，要注意按照出生的时间顺序，依次从左向右画。再看外公外婆的情况，外公 58 岁死于胃癌，方框内有个叉，代表已经亡故。旁边是女孩的外婆，外婆 66 岁，一个圆圈旁边写的"家庭妇女"。我们发现妈妈和外婆都是家庭妇女。

我们再看父亲的原生家庭这边。父亲是家里的老二，他前面有一位 47 岁的家庭妇女，就是他的姐姐。祖母 67 岁，也是一位家庭妇女，同时可能患有高血压，祖父 69 岁，患有糖尿病，即来访者的祖父祖母身体都有问题。父亲的姐姐有一个儿子，现在 18 岁，刚上大学。

这就是一个家谱图所描绘出的基本信息。方框和圆圈画好后，家谱图中还有一些直线和曲线，这些线条代表家庭中的人际关系，人际关系的模式就暗藏着情绪。

我们回到这位 15 岁的女孩，她和父亲之间有曲曲折折的线，这代表她和父亲有冲突。她和母亲之间有三条直线贯穿，这说明了什么？一条直线代表关系比较正常，两条代表依赖，三条就是相当依赖。在这个家庭里，母女俩的共生依赖现象很严重，父子之间的关系又是相冲突的。所以，家庭关系的三角化现象就在这张图上一览无余了。

继续往上看，我们会发现，这个女孩的父亲和祖父之间，关系是冲突的，祖父母之间的关系也是冲突的，祖母和父亲之间也是共生依赖关系。所以，这里呈现了家族三角化的代际传承现象。我们可以发现，婆媳矛盾也是很明显的。

看到这里我们就能理解，这个父亲为什么会远离妻子，跟孩子有冲突，因为他的原生家庭就是这样的，所以他在潜意识里就把自己的家庭制造出了与原生家庭完全一样的场景。

再来看女孩的母亲，母亲其实也重复了她在原生家庭的场景，即自己也做家庭主妇。同时，这位母亲在她的原生家庭里是老大，于是我们就有一种猜想，她会不会非常照顾她的弟弟？因为她的丈夫在他的原生家庭里也是一个弟弟，所以，这里会不会有一些投射（延续原生家庭中姐姐的功能），她也找了一个可以让自己照顾的人作为丈夫？无论具体的情况如何，我们很明显地看到代际重复的痕迹。

这就是整个家谱图的制作。画完自己的家谱图，你也会对自己和整个家族有更多的了解。

绘制家谱图也需遵循一些规则。

第一，家谱图至少要画三代人，而且要有兄弟姐妹的排行，因为排行对一个人性格的塑造和人际关系中的角色功能非常重要。第二，图中要标明年龄，如果家人已经去世，去世时的年龄也要标上。第三，图中要标明结婚日期，或者是分手、离婚的日期。

第四，如果彼此之间关系良好就用一条横线表示，有冲突就用曲线表示；如果夫妻已经离异，就在一条直线上画两条斜杠。

如果你感兴趣，你也可以绘制自己的家谱图。如果你对自己的家庭情况不是特别了解，请你一定要问你的父母，并试图找出家谱图中的代际传承现象。

＼ 家书抵万金

到这里，我们将之前的疗愈之路做一个总结。

当我们注意到自己的生活仍然会被那些曾经的创伤所影响时，我们通过书写遇见了那些核心情绪。它就像是我们的生命中的底色，我们所能做的就是降低它的浓度和反应速度，从而降低它对我们的影响。

在不断书写的过程中，我们找到了自己的核心情绪，它隐藏在我们的主要抚养人——也就是父亲和母亲的关系中。在回顾他们人生的过程中，我们可能对生命中的痛苦有另外一层理解。现在我们还需要再做一件事情，就是在理解之上为自己的疗愈做一个收尾：给自己的重要关系人写一封信。

重要关系人可能是父母，也可能是代替父母角色的主要照顾者。当然，如果你还没有准备好给主要抚养人写信，你还有别的选择。回顾过往的各个成长阶段，我们在每个阶段都会有一个重要的关系人，他在我们的人生中给了我们很多支持，你也可以写一封信给他们。要不要把这封信交给对方，由你自己决定。因为写这封信并不是为了对方，而是为了你自己。

书写是为了更好地完成分离

我们为什么会被这些创伤和情感所控制？

有一个心理学的名词叫"自我分化"，这意味着一个人走向成熟的过程。对于父母来说，如果我们抗拒父母对我们的影响，我们可能会埋怨父母，我们会回避，切断与父母的联系，这是一种阻断模式。我们的内在并不舒服，因为我们会感到自己对父母的背叛，在这种状态下，由于我们的能量用在对抗上，关注点还在对方身上，其本质仍然是与父母的情绪处于共生状态。

自我分化之路应该怎么走呢？

在"自我分化"这条道路上，我也摸索了很多年。经过一路摸索，我深刻体会到，我们要和解的对象可能并不是我们的父母，而是记忆中烙印下的感受。

我们首先要做的，是对自己的情绪有鲜明的觉察力。

我们要对过去的创伤情感负责，而不能用它惩罚现在的人。毕竟掌控回忆的人是我们，如果我们只是肆意地把这些感受以指责的姿态还给父母，他们可能完全无法接受，或者他们会因为陷入自责而增加我们的愧疚。也就是说，眼下对感受负责的人不是父母，而是我们自己。

我们跟随本书的内容将伤痛书写出来，在生活中会自动觉察曾经反复出现的情绪，其实就已经养成了一种很好的习惯。如果情绪出现的强度和频率已经比以前有所降低，它会彻底消失吗？不会，但这会有效降低你面对同类事件的反应程度。当愤怒再一次被激起的时候，你不会再像原来一样直接采取消极的反应，而是会突然觉察"这个熟悉的感觉又来了"，接下来你的应对行为也会改变。

所以，在写给重要关系人的这封信里，我希望你可以把探索到的核心情绪再细致地描述一遍。不管这位重要的关系人曾经给你造成了多少影响，你可以用一种表达感受的方式还原那份伤痛。

在你把这部分陈述出来后，接下来写什么？

其实，我们在回顾父母人生的时候会有一些新的发现。我们有能力感觉到父母以笨拙的方式表达爱，这是他们这一代人的模式。所以，尝试把父母错误的行为与他们本人分开，把父母对我们的伤害与爱分开，我们就不再是一个"孩子"了。

我们要把精力放在自己的持续成长上，学习用对的方法表达爱。在信的第二部分，请你站在他们的角度，尝试表达你对他们的理解。你也许从家谱图里看出，他们也是原生家庭的受害者。如果站在受害者的位置上，你有没有理解他们？当然，如果这份理解还没有发生，请你也不要勉强自己，千万不要把和解当作一个任务。

在这封信中，你已经表达了自己的感受，表达了自己的理解，如果你还能继续写下去，我希望你也能看到他们给你的资源和力量。这并不是要求你表达感恩。当然，如果你能够表达感恩，那也不错。但是在目前的阶段，我希望你可以看到自己从父母身上继承的不只有创伤。如果可能，请你把这部分也写出来。

当然，如果你在现实生活中在与父母和解的路上已经完成了这一步，我希望你可以带着好奇心邀请你的父母回顾他们的一生。在父母尚在世的时候，这样的对话非常重要。面对生命的无常，他们有一些话是急于和自己的儿女诉说的。如果可能，请你给父母一个这样表达的机会。

练习：一封家书

请你以这样的对话开头书写："亲爱的爸爸妈妈，一直以来我有些话想告诉你们，但我没找到合适的机会，此时此刻，我特别希望慢慢地讲给你们听……"这封信不必发出去，你可以只留给自己看，但写完后，一定要大声地读一遍。

范文：恨意中的爱，让人羞耻

写作者：小米

实在惭愧，"亲爱的"三个字就卡住了。对爸爸妈妈，我暂时用不了这三个字。我们家，从来都是用打压的方式表达爱，坦然地表达爱让人不好意思，好像整个屋子笼罩的都是羞耻感。被对方看出来自己的爱意，就是羞耻的。我到现在也没想明白为什么。因为我爱你，所以我就低人一等，卑躬屈膝了吗？我不确定。

妈妈：

你走了快两年了，我依然会梦到你。我的生活中有一半都是你。你走了，我就只记得你的好；你活着，我就老抱怨你的不好。现在我也慢慢知道，你很爱我，但好多时候并没有我以为的那么爱我，可能你自己都不知道这个残酷的事实。例如，你不理解我的心思，总是误解我；你总是被爸爸教唆，你们一起给我施压；你在我面前抱怨爸爸、表扬我，引诱我向着你，以为全是爸爸的错，以至于我现在都只能看到你眼里的我爸爸的形象。如果你们有矛盾，为什么你们不自己好好解决，非要把我一个不懂事的孩子拉进去。这让我在早年形成了对爸爸的偏见，一直走不出来。我承认，爸爸也有他的问题，但不至于全是他的问题。有时候你为他辩护，我都觉得你好傻、好欺负。现在，我才渐渐意识到，我被你误导了。你至少应该好好解决问题，而不是拉着我缓解冲突、回避问题。这导致我现在对爸爸又害怕、又愧疚。我也学会了逃避和爸爸相处，尽可能避免冲突，和爸爸在一起就像缺氧的感觉，既压抑又愧疚，还挺恨。你也给了我很多力量，教会我勤劳、坚强，教会我善待自己的需求。因为你的局限性，你没能拯救自己，早早地失去了自己的生命，还给我留下了恨爸爸的底色，我很心疼你，也可怜我自己，所以我想打破这个僵局，我不想成为你，至少我想比你过得开心一点。我也不愿意继续代替你和爸爸纠缠，我想你也不愿看到我不开心。希望你能理解我，继续给我力量，祝福我越来越好。

爸爸：

这两天没怎么和你说话，因为真的无法开口。我总觉得你欠我一个道歉。从小到大，妈妈都说："你很爱我，只是不说出来。"但她越这么说，我就越生气。在我眼里，你就是一座威武冰冷的山，无法靠近。你对我的爱都是让我不要这样、不要那样，几乎没有一句表扬，而你的解释是："爱是在心头，不是天天挂嘴边。"所以，直到现在，你都在默默地做事，为我分担，却也满脸忧愁和不待见我，好像我欠你钱了。这样的状况让我无所适从，特别想逃离。我想和你保持距离，这样我才能自由呼吸，你也能畅快点。和你在一起就像便秘，胸口还堵，我不知道这是不是妈妈生病的原因。我想说，你这样不快乐，我也不快乐，这样的状况有它的来处，我尽力了，帮不了你，我想尽孝道，所以我得减小你对我的影响。你最大的缺点是忍耐力，最大的优点也是忍耐力。我学会了一些，但是我想优化它。我希望你能开心一点，不要老是因为鸡毛蒜皮的小事纠缠，这点可能像爷爷，还好奶奶豁达，我们最好都向奶奶学习，这样或许可以健康长寿。

延展阅读：理解最难理解的父母

我曾经带领一个小组活动时，有位女士表达了她对父母的怨恨。站在她的角度看，她确实经历了很多不公平的事件，这些都是父母的无知带给她的。但是，小组的另一位男士完全不能理解这位女士的想法，反而用讲道理的方式告诉她："父母有他们的局限性，你不应该这样怨恨父母，而是应该感恩他们给了你生命，然后你按照你自己的力量去成长。你不要拘泥于他们带给你的伤害，因为他们活着也很不容易。"站在这位男士的角度看，他说的每一个字都是对的，因为他是在一个非常有爱的环境中长大的，他说这些话也顺理成章。我们能明显地看到，这是站在两个世界的人。这位女士对这位男士的不理解无可奈何，而这位男士也实在没办法理解这位女士的不容易。

真正的理解只能发生在两个有共同或相似经历的人之间。

在咨询室里也是如此。对于让来访者痛苦的事件，如果我有过类似的经历，那这份共情就会特别有力量。共情能使对方感受到被抱持和被理解，这就是对眼前这个生命最好的支持。

每个人的人生经历都是不一样的，但人生经历带给我们的感受是相似的，因为快乐、悲伤、沮丧、愤怒、无助、痛苦等是人类的本能情绪。如果一个人正处于离婚的哀悼期，这时他迷茫无助的感觉和我们失恋或失业后的迷茫是相似的，即便你没有离过婚，但在那一瞬间，那种无助、不能把握未来的恐慌，你是经历过的。如果在感受的层面上，你可以给予对方深刻的回应，告诉对方："我理解你的感受，我也曾经这样痛苦过。"对于对方来说，这个时刻你们就真正地站在一起了。

在本章的末尾写上这样一段话，是想告诉你：当你走完与父母的和解之路，尤其是理解了他们的不容易、心疼他们的过往后，你的同理心似乎一下子庞大了起来。这绝不是一蹴而就的，而是慢慢扩展开来的。当你理解了最难理解的父母时，你便能理解天下人，懂得天下人的苦。

家族中未分化的情绪包会被继承

一个人的成熟就是自我分化的过程

**了解家族的工具
家谱图**

**书写是为了
更好地完成分离**

家书抵万金

写给重要关系人

· 表达感受
· 表达理解
· 表达感恩

扫码查看完整思维导图

重塑自我
实现心理蜕变

扫码获得作者导读音频

读到这里，你有没有体会到书写疗愈的神奇之处？多次接触核心情绪之后，我们会看到一些奇迹：核心情绪好像并没有我们原来所想的那么可怕；我们在生活中的觉察能力变得越来越强；我们能非常敏锐地感受自己的核心情绪模式；最重要的是，当身边的人再用原来的方式对待我们时，我们的情绪好像并不太容易剧烈起伏了。

　　这一切都是怎么发生的？

14　书写对于生命的意义

在这本书将近尾声的时候，我将再次整理出书写疗愈的精华内容。

在此之前，我还是要重申：如果你遭遇过重大的创伤，或者在书写的过程中产生强烈的情绪反应，影响到自己的生活，请你找专业的心理咨询师处理这部分议题，停止用书写的方式为自己疗愈。

＼　复盘书写疗愈的里程碑

接下来，我们梳理一下书写疗愈的几个重要里程碑。

1.激活感受，找到核心情绪

刚开始，书写疗愈是为了让我们恢复书写的习惯，是为了进入自由书写的环节。此时，疗愈流程尚未开始。在不断地进行念头接龙的过程中，你可能对自己有了更多的思考。在意识层面，你可能理解了自己对某些问题存在不合理的信念。造成我们生命痛苦的，可能只有 5% ~ 10% 是这些不合理的信念，影响我们幸福的因素，更多是那些藏在冰山下的无意识层面的 90% ~ 95%。

感受是我们通向无意识的非常重要的一把钥匙。但在谈到感受这个话题时，我们要不就是隔离感受，要不就是被情绪淹没。

当用自由书写慢慢激活一些对感受的感知度时，我们会发觉情绪原来如此丰富，如此庞大。在这么多的情绪里，我们要如何开展疗愈之旅呢？

这一步非常关键，我们一定要记住情绪的变化三角模型（如图 14-1）。

接下来，我们要记住 6 个核心情绪（如图 14-2）。

精准辨别自己的感受非常重要，你可以先从当下发生的事件去分析和感受。请你一定要聚焦核心感受并进行细致书写，这对疗愈才是有作用的。如果只是停留在防御和抑制性情绪的层面，那么书写其实只是在重复之前的问题。

所以，我们就有必要来到第 2 个里程碑。

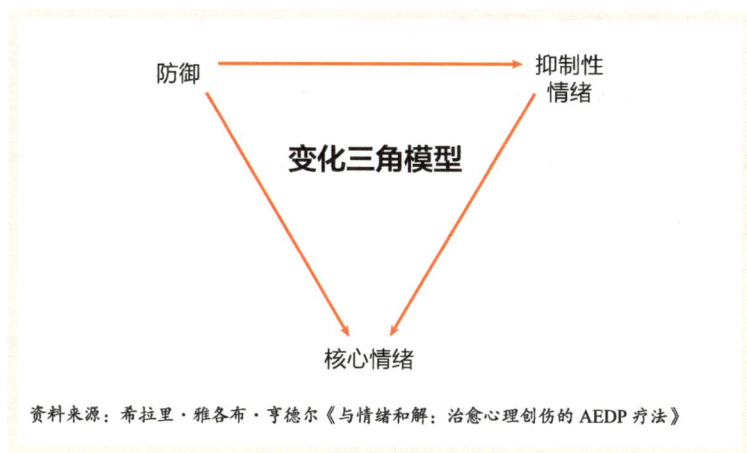

图 14-1　变化三角模型

图 14-2　6 个核心情绪

2. 直面伤痛，开启疗愈之旅

我们忽略核心情绪、启动抑制性情绪，而采取某种防御时，这个连锁反应被重复了许多遍，最终形成我们的行为模式。这个模式重复了许多遍之后，变成我们的人格结构，也就是我们区别于他人的地方。

在回顾的过程中，很多人认识到命运的不确定性，也更清楚自我的价值。这种书写疗愈的效果是非常显著的，比传统支持性的心理教育的效果更显著。

叙事写作疗法包括结构化写作疗法，表达性写作疗法和叙述暴露疗法。其中，叙述暴露疗法是三种疗法中获得有效证据支持最充分的。通过书写暴露，我们精准地找到了自己曾经被压抑的核心情绪，它就像一把钥匙，将我们人生的困局之门一一打开，我们也就找到了问题的解决方案。在你历经整个过程后，你会惊讶地发现，原来所有的问题都是一个模式，而解决的方案就是上述的同一把钥匙。

回顾过往也像是一个倒垃圾的过程。我们在无数的过往事件中还原当时的情景，描述当时的感受，那些曾经不被化解的情感井喷一样地爆发。我们拨开抑制性情绪的迷雾，看到受伤的核心感受，我们就在书写中释放了被压抑的创伤，从而越写越通畅，越写越快乐。

更重要的是，当我们以第三者的身份回顾过往时，我们不是故事的主人公，而是以觉察性自我的身份与当时受伤的小孩子拉开距离，这样我们可以更全面、更宏观、更多维度地理解当时的事件。同时，我们也就理解了自己，理解了身边的人，压在心里的石头也就放下了。

3. 展开对话，生发疗愈力量

当我们回顾自己的过往经历后，我们很自然地就会意识到，在我们的人生成长过程中，我们的主要抚养人（主要是父母）对待我们的方式，让我们在生命中形成了一些自己的独特议题。但是，我们并不是要向父母"兴师问罪"，而是以一种新的视角和思路，带着好奇去了解我们的父母，看看他们都经历了些什么？

也许你会突然意识到，你对父母及整个家族所知甚微。也许你会看到原来忽略的那些部分，生出新的情绪，或者让原来不敢表达的情绪能够得以梳理，让自己能够加以理解。在一次次情绪改变过程中，在一次次理解自己的情绪后，你内在那些受伤的部分便逐步被疗愈。于是，你便有更稳定的情绪去面对现实环境，更有力量面对父母，也更有力量去面对未来的人生。

这样做的目的，并非是为了和解，而是为了修正父母留在我们内心的各种影响，让自己能够更加坦然地面对生活。

4.重塑自我，实现心理蜕变

我们人生的各个阶段，除了痛苦，还有很多支持我们走下去的资源和力量。无论是某个事件还是某个重要的客体，当我们关注到这些资源和力量时，我们其实已经给了自己无限的力量。尤其在重要关系人参与我们某段受伤的经历并与我们对话时，我们体验到的是重生的力量，这份力量可以支撑我们走向更好的未来。我们也会从家族中汲取力量，找到自己的人生使命，活出自己生命的意义。

到目前为止，书写疗愈经历了以上4个里程碑。

＼ 寻找和盘点自己的内在价值

接下来，我们要一同寻找自己的人生使命，开启未来的人生蓝图，你准备好了吗？

我想先问你几个问题。你最重视的价值是什么？这种价值对你来说意味着什么？它如何影响着你的决策和行动？从现在开始，你可以做什么事情去实现它？

很多人在回答这些问题的时候，脱口而出的答案是"金钱"。对于普通人来说，赚钱和拥有更多的钱当然是我们看重的价值。但是，金钱只是我们想要实现的目标，却不是我们内在最看重的价值。目标是可以达成的，达成之后就被划掉了，不再继续指引我们；但价值会一直持续指引我们行动。例如，如果你看重的价值是家庭，那你也不用等到赚了钱以后再照顾家人，生活中有无数的时刻可以让你这样做。

很多时候，我们清楚地知道自己不想要什么，但是常常弄不清楚自己想要什么。清楚自己的内在价值是什么，这可以帮助我们了解自己想成为什么样的人，想与他人建立什么样的关系，做什么才能让生活变得更丰富、更有意义。如此一来，生活便有了意义，让我们更愿意与情绪压力同行。

如果你不知道自己最看重的价值是什么，你可以回顾近期达成的一个目标，分析这个目标背后实现了什么样的价值，再依次将你实现的若干个目标都整理出来，分析它们背后的价值是不是如出一辙？如果是，那这就是你看重的内在价值。

人生就是一趟旅途，价值就像是北极星。请你全力以赴追寻自己的人生价值，但也不要把它看得太重。这就像我们不会每走一步都抬头去看北极星，我们先要看清地面上的障碍，确保自己不会摔倒和受伤，但我们心里知道，只要随时抬起头，北极星就在那里。

＼ 书写可以让生命重来一遍

通过自由书写，我们不断擦拭心灵中起雾的那面镜子，擦掉虚假自己与真实自己之间的模糊，让自己越来越真实。

如果这个世界让你感到不安，且难以向任何人诉说时，自由书写会帮助你发泄情绪、理解自己。每天在任意的时间写 200 个字，这样一个简单的习惯，如果你可以坚持下来，你会从文字背后发现真实的自己，在书写中形成自我认同，你也会越来越喜欢自己，越来越爱自己。这就是书写疗愈的目的。

我们的左脑称为意识脑，而右脑侧重于存储随意的、想象的、直觉和感官的影像，被称为潜意识脑。从情绪治疗的角度看，右脑能够唤起情绪。我们大多数人可能并不知道如何挖掘潜意识。根据脑科学的研究，创伤记忆留在海马体里，而海马体是没有时间概念的，用精神动力学的语言来说，潜意识没有时间概念，如果潜意识被唤起了，那就像是与当下的经验一样。

已经发生的事情是无法被改变的，但是记忆和体验是可以被改变的。这是疗愈的前提。所以，当我们进入童年的创伤经验时，我们就好像回到了曾经的当下。也正是因为我们可以回到曾经的当下，情绪被唤起，所以我们也可以对其进行干预，从而改变记忆。

走过书写疗愈的整个过程后，你在人生的其他阶段仍然可以将这些书写的内容拿出来。例如，某天突然发生一件事，你并不理解为什么，你用书写还原过程后，又发现了那个隐隐作痛的核心情绪。于是，你恍然大悟。但这时，你不会再责备自己了，你可能对它淡然一笑，轻轻地说："唉，你又来了。"

练习：改写你的生命故事

最后，让我们用一个练习完成本次书写疗愈之旅。

在上章中，我们给重要关系人写了一封信。现在邀请你做一件事情：当你了解父母、家族的过往后，你是不是感觉到了自己的一些使命或者生而为人的意义呢？无论你有没有找到，你都可以把它写下来。请你按照以下的格式改写你的生命故事。

第一部分，请你站在今天的角度，回顾曾经发生在你身上的事情，在每一件对你有伤害的事情背后，你从中得到的资源和力量是什么？你又是如何从新角度看待那些事情的？

第二部分，基于对过往的理解，你自己的人生使命是什么？你如何运用那些从父辈和家族中获得的资源和力量继续走下去？

范文：终结代际传递的创伤

写作者：谢忻霏

　　听完、看完周老师的内容，每一次我的内心都会波涛翻滚、感慨不已。从自己的昨天、今天、未来的回顾与联想，到从个人、家庭、家族在时代浪潮中的变迁与起伏，我们探寻和思考自己的人生使命，着实有磨难与痛苦，但也有资源与力量。

　　我自己在持续个人体验里探寻到的被抛弃的悲伤情结，回顾之后，也通过这次书写得以疗愈，我更深地看见恐惧和愤怒，这是我的核心情绪。看见和觉察核心情绪是我此次学习的最大收获，因为看见，我对自己有了更多理解和慈悲；也因为看见，我对父母、家庭中几代人关系的沉重纠葛有了更宽广的认识；同时，因为看见，我知道自己可以从这里开始，从现在开始，一点点放下，再慢慢地拿回许多……

　　过去，我核心情绪里的悲伤来源似乎是自己十个月大时被妈妈断奶、抛弃，那时她意外发现自己怀了弟弟，已经有三四个月了。从小到大，我的意识层面顺应着爸妈说的不重男轻女，可是我心底知道，他们始终把弟弟看得比我重，物质上、心理上都是。

于是，我各种努力、争强好胜，一直到现在，我好累、好辛苦，双肩、后背、四肢和脖颈总是酸胀到不行。

回看爸爸和妈妈的出生、外婆的人生，他们的"被抛弃"都比我更早、更惨。爸爸九十个月大时，奶奶被瘟疫夺去年轻的生命；妈妈未出生时，外婆刚结婚一个月，外公抛妻弃女，再未回头。唉，他们怎么会不悲伤、恐惧和愤怒。相比生命，相比活下去，这些情绪包倒是不幸中的万幸了，显然他们也把这些情绪包传承给了子孙。

我知道这是伴随我承接的生命，同时必须承接的"礼物"和"代价"。以此为证，我是祖辈和父辈的后代。

我因亲密关系极度痛苦、困惑和迷茫而走进了心理学，开启自我探索、疗愈和发展。我猜自己在几年的摸索后，将儿童青少年心理咨询与辅导作为专业方向，可能正是源于自己的那份"被抛弃"的悲伤、恐惧和愤怒情结。我一定是想救回和带回那些被父母无意识抛弃的孩子，才在机缘巧合下成为几所中小学校的驻点心理咨询师和心理辅导老师。

在此次的书写疗愈中，我看到了父母和外婆也曾是那些被抛弃的孩子之一，家族这条深沉河流里的疗愈情结也是支持和帮助我走上这条道路的最重要的资源与力量，有祖辈、父辈传承给我的支持，我心里更加笃定和温暖了。

　　以前，我也曾被一些莫名的无力感牵扯和羁绊，想做一些事情却没有做，或者做不动，通过这次书写，我感受到内心的力量在一点点滋长，就像一阵阵暖流流经全身的每一个细胞。我想，我可以重新开始了，我也许做不了很多，但是我可以做我能做的和可以做的。谢谢家族里所有的长辈、祖辈和父辈们，感恩家族里的每一位家人！

延展阅读：转身面对阴影

到此为止，这就是书写疗愈的最后一个练习了。

这个练习的设计基于一个基本的前提：人生的苦难都是为了成就我们。换一个态度看待我们的过去，我们就可以从中得到资源和力量，找出规律，找到自己的人生使命，然后好好规划未来的人生之路应该怎么走。当然，寻找人生使命需要经历漫长的摸索过程，本章的练习也只是给你埋下一颗种子。当你换个角度回顾过往的时候，你身上的力量可能也就不一样了。

不知道你在表达这些内容的时候，你的内在情感是怎样的，有没有新的感悟和体会。不回顾过去，你不会知道过去在以何种方式困扰你；而当你勇敢面对的时候，你会发现无限的力量和资源。在此祝福你可以勇敢地面对过去，活出精彩的未来。

请你相信，书写的力量是无穷的！

第14章 书写对于生命的意义

书写疗愈的4大里程碑

4 重塑自我 实现心理蜕变

3 展开对话 生发疗愈力量

2 直面伤痛 开启疗愈之旅

1 激活感受 找到核心情绪

寻找和盘点内在价值

最重视的价值是什么？ 清楚自己的内在价值

扫码查看完整思维导图

转眼到了结束的时候，不管你在这段时间经历了什么，拿到了什么样的生命礼物，有什么样的领悟，或者在这段过程中觉察到自己的情绪起伏，这都是你独一无二的宝贵经历。

我想，阅读整本书并跟随书中内容练习之后，你或许已经有了如下收获。

1. 在失落低沉、无人可诉说时，你可以打开电脑或者拿起笔，开始自由书写。

2. 在随意地记录中，你学会觉察自己的情绪起伏，自己的不合理信念，从而使自己不再任性、冲动。

3. 你能够细腻地描述感受，无论是心理感受还是身体感受。

4. 你可以允许存在悲伤、恐惧、厌恶、害怕等感受，并不再

5. 在生活中，你会有意识地寻找积极的资源和力量。

6. 你也许会改变与亲人的相处方式，允许他们做自己，但自己不受影响。

除了在自由书写中发现自己的无意识，疗愈自己的核心情绪，书写疗愈最后的部分也非常重要，那就是发现自己人生的意义。

过去是我们牵绊的来处，未来是我们前进的动力。我们每一个人都在用自己的生命创造自己独一无二的生命故事。作为自己生命故事的创作者，如果今天你 60 岁了，你想让他人如何定义你？希望你可以开始思考这个问题。

过去虽然给了我们很多创伤，但同时也赋予了我们很多资源。当我们转身看向未来，或者低头看见我们已经拥有的东西时，我们也许会发觉，幸福其实就在身边，力量一直在自己手上。希望你可以好好规划手中的资源，带着勇气上路，真实地爱自己和身边的人。

当然，每个人的道路都是不同的，我们在心灵成长这条道路上也会遇到形形色色的人，尝试形形色色的疗愈方法。这套书写疗愈的方法未必能够成为你解决自己生命议题的终极解药。但我仍然希望，当你在若干年后回看这段书写伤痛的日子时，它对你的生命成长有所裨益。我也非常期待你可以给我真实的反馈，使我不断地优化内容，让更多人有所受益。